Amor con sabor a cerezas

Lily Gómez

de palabras

AMOR CON
SABOR A CEREZAS

Primera edición, 2024. Revisión 2026
ISBN 13: 978-99979-2-027-0
Instagram: lilygomez_escritora

Edición y maquetación: Jairo Mejía Rodríguez
Revisión y corrección: Jairo Mejía Rodríguez
Carátula: Lily Gómez
Pintura de carátula: Lily Gómez
Fotografía de autora: Emily Andrade
Imágenes decorativas: Freepik.com

A: Aby, Allison, Emely, Erick,
Jonathan, Natalie y Paola.

Por impulsarme a seguir adelante
en el mundo de las letras.

PRÓLOGO

Desde el título, la obra ya nos orienta sobre su devenir narrativo: cultura rosa con inclinación erótica. Pero, alejándonos de la simple percepción delimitadora de este, habremos de escudriñar para comprender que va más allá de la simpleza elemental en la estructura redactiva y el empleo común pero digerible de sus diálogos sujetos a un léxico estandarizado. Todo ambientado en *nul situs nomine* atemporal, para que el lector no se vea afectado por contextos geográficos.

Una historia no común en la praxis existencial, pero muy recurrente en la utopía prosaica. Donde los personajes se supeditan a una fantasía generada por la cultura pop que mitifica la felicidad alrededor de elementos incontenidos en la sociedad.

Dos seres humanos con heridas emocionales muy palpables. En cada quien, la vida le orilló a desenvolverse y convivir de diferente manera cuando se trata de las relaciones y los sentimientos. Él, debido a sus experiencias dolosas, decidió tratar a las mujeres como objetos, como trofeos. En cambio ella, optó por ser hermética y analítica. No obstante, a pesar de confrontar sus conductas irregulares (arco reflejos emocionales) mientras intentan establecer una relación, logran ver al descubierto los estigmas de cada uno, provocando una desistencia, una baja de guardia de sus egocéntricos modos de ver la vida. Ambos, descubren que son más similares de lo que piensan y deciden permutar la negatividad para dar lugar a la racionalización de su relación.

Como en muchos textos de este género, el destino se convierte en el arquetipo existencial que desnuda o ancla las posibilidades, tal como lo es la complementariedad.

Jairo Mejía Rodríguez
Editor

Sobre la Obra

Isabella es una hermosa joven, chef, recién graduada de una de las universidades más prestigiosas de la ciudad. Está en busca de un trabajo que le permita sostener económicamente a su madre y a su hermana menor.

Por otro lado, Fabricio es atractivo, coqueto y galán, irresistible para cualquier mujer. Eso le permite tener a la que quiera sin mayor complicación. Es, además, uno de los propietarios mayoristas de la cadena de hoteles donde Isabella buscará ser contratada.

Ambos coinciden. Él fija sus ojos en ella. Pero para ella, él pasa desapercibido.

Fabricio inicia con engaños un perverso juego para poder conquistarla. Con el paso del tiempo se da cuenta que lo que siente por ella no es deseo solamente, puesto que cada vez que está a su lado se queda con ansias de verla nuevamente. Comprendiendo que le es imposible alejarla de su vida, ya que siempre que se permite hacerlo, descubre que no hay manera de vivir sin ella.

La autora

ÍNDICE CAPITULAR

1

Entrevista de trabajo

ISABELLA ESTACIONA SU AUTOMÓVIL frente a un enorme edificio y de inmediato sale, poniéndose en marcha hacia una de las entrevistas de trabajo más importantes de su vida, la oportunidad que había estado esperando, al fin llega. Sabe perfectamente que si la contratan será el golpe de suerte más afortunado que reciba durante la semana.

Necesita ese puesto, su mamá y su hermana menor dependen económicamente, y en absoluto de ella. Si obtiene el empleo, se sentirá realizada, ya que trabajará haciendo lo que más le apasiona. Laborar como chef y hacerlo para los restaurantes de una de las cadenas de hoteles más importante del país, implica buen ingreso económico y un enorme salto en su hoja de vida.

Está emocionada, de verdad que lo está. Piensa positivamente que el cargo será suyo; lo necesita, lo anhela, lo desea. Lleva meses suplicándole al destino por aquella oportunidad, todo el tiempo fue constante y perseverante.

Un día leyó «Pide algo tantas veces hasta que el universo se canse y termine diciendo: toma para que me dejes en paz». Ella siempre ha sido así, confiada de sí misma, optimista y positiva; ahora lo es mucho más que nunca.

En cuanto supo de la plaza disponible para chef en "Marina Hoteles", no dudó ni un segundo en enviar sus documentos para obtener al menos de entrada una entrevista y, sobre todo, el trabajo. Es que, para entrar a una empresa muy grande, primero se necesita de contactos que ayuden a conseguir una entrevista, y luego ser lo suficiente bueno para quedarse con el puesto.

El portero la hace pasar y la envía al piso número diez. En seguida se posiciona frente al elevador, temerosa, porque el encierro le da pánico, pero no tiene otra opción, un edificio tan elegante no puede tener gradas; así que ni se molesta en buscarlas. Entra en aquel aparato, presiona unos botones, las puertas se juntan y ella cierra los ojos para evitar observar a través del cristal, ya que también teme a las alturas. Un momento después, el ascensor se detiene, se abre y ella sale contenta por haber sobrevivido. Observa un escritorio y camina hacia él.

—¡Buenas tardes!

—¡Buenas tardes! ¿En qué puedo ayudarte? —atiende una joven de cabello rubio y ojos claros.

—Vengo a una entrevista de trabajo —asegura.

—Espera en recepción, pronto serás atendida —señala una bonita sala a unos pasos de distancia.

Isabella camina fijando sus ojos en cada detalle de la pieza. Es un lugar fino y elegante, digno de las oficinas administrativas de hoteles tan lujosos como aquellos. Espera unos minutos y enseguida la dirigen hasta el despacho de recursos humanos.

—¡Buen día!

Él se gira de inmediato al escuchar una voz femenina. La observa de pies a cabeza, quedando muy impresionado con tanta belleza física y desequilibrado por un recuerdo que renace en su memoria, pero que no tiene claro.

—¡Buen día, señorita! —responde en tono un poco pretencioso.

—¡Buen día! —repite—. ¿Es usted quien me hará la entrevista?

——¿La entrevista? —con gesto de duda—. ¡Ah, sí! Claro, la entrevista. Tome asiento por favor.

Isabella se acomoda en el sofá frente al escritorio. Se arregla la chaqueta color azul royal que cubre su vestido amarillo mostaza ajustado al cuerpo. Porta accesorios en el mismo tono del vestido. Cartera y zapatos a juego con su chaqueta. Se ve preciosa, aunque su maquillaje es sobrio y natural. Su cabello corto cae en livianas cascadas, no muy abajo de sus hombros.

Él se dispone a buscar entre las cosas de aquel escritorio que no le pertenece, logrando exitosamente fingir un rol del cual se ha apropiado.

—Mi nombre es Fabricio —extiende su mano para presentarse.

—Isabella. ¡Mucho gusto! —se pone de pie y corresponde al apretón de manos con plena seguridad.

Ambos proceden a tomar asiento, uno frente al otro, haciendo contacto visual. Él sucumbe más rápido de lo normal. Con una mirada, ella ha conseguido desestabilizarlo, pero no lo nota.

—¿Viene por el puesto de gerente general? —intenta coquetear.

—Caballero, me parece que se lo ha tomado con mucho humor —replica con seriedad—. No estoy enterada de que haya más plazas disponibles, aparte de una como chef para los restaurantes de esta cadena de hoteles.

No dejó de verlo fijamente a los ojos.

—Entonces, ¿viene para el puesto de chef? ¿Y dónde ha dejado su delantal y ese gorro gracioso que usan los cocineros? —sonríe ligeramente al sentirse intimidado.

—¿Disculpe? ¿De verdad ha iniciado ya la entrevista? —está un tanto confundida—. No es que me ofenda sus inquietudes, pero siento que me está tomando en broma.

Lo mira, poniéndose más seria que antes.

—¡Lo siento! No es mi intención.

Queda callado un instante. Se siente nervioso frente a Isabella y ha accedido a entrevistarla personalmente para seducirla, pero ha olvidado cómo hacerlo o puede que no sepa cómo coquetear con ella, en especial. Es extraño, ya que enamorar al sexo opuesto ha sido su mejor especialidad, pero ella no ha caído en su juego, y para él, conquistarla se ha vuelto un desafío.

De pronto, una mujer mayor ingresa sin avisar, rompiendo el silencio. Cuando se percata de que interrumpe, se siente apenada y se disculpa sin saber qué hacer. Al mismo tiempo es consciente de que simplemente está integrándose a su puesto de trabajo. Pero, antes que mencione palabra alguna, él se adelanta.

—Sarita, ¿será que puedes esperar afuera un momento? ¡Por favor!

Ella asiente con la cabeza, sin comprender absolutamente nada. Tan solo se limita a cerrar la puerta detrás de sí misma.

El ambiente se torna tenso, pero Isabella le presta el menor interés. Ella y él hacen contacto visual una vez más y continúan con la entrevista.

Al cabo de unos minutos, ella se encuentra en el elevador, reflexionando sobre lo fácil que ha sido conseguir el puesto, le parece sorprendente. Está feliz. A fin de cuentas, es lo que deseaba y sobre todo sabe que se lo merece. No pasó en vano estudiando gastronomía y artes culinarias en los últimos años para prepararse de la mejor manera posible, aunque obtener el puesto así sin pruebas y sin tanta complicación, se le hace raro, muy raro.

Una que otra pregunta básica sobre cocina y otras un tanto personales que no exceden los límites de privacidad más de lo común. ¿Estado civil?... soltera, por supuesto. Ella sabe que ha mentido porque, aunque no está casada, tiene novio. ¿Quiénes dependen de ella económicamente?,

¿edad?, ¿dirección de residencia? Información que se encontraba en su hoja de vida y que no hubiera sido necesario preguntar.

«Ha servido de mucho gastar gran parte de mis ahorros en atuendos como este», piensa mientras se acomoda la chaqueta y busca la salida. Después de todo, la primera impresión siempre cuenta y ella lo ha comprobado en su entrevista.

Sube a su automóvil y se dirige hacia su casa, su rostro refleja alegría y no hace más que pensar en la vida que tendrán a partir de ahora, ella, su madre y su hermana.

Isabella es una mujer muy preparada y un tanto soñadora. Le gusta la cocina, pero también es licenciada en finanzas; manejar correctamente el dinero se le da muy bien.

2

Contratación repentina

Fabricio sale pocos minutos después y busca a la jefa de recursos humanos. Cuando la encuentra, coloca sus manos en los hombros de la señora y la dirige a la oficina correspondiente. Cierra la puerta.

—Sarita, lo siento. Me he tomado atribuciones indebidas y le he dado el puesto de trabajo a Isabella, la joven que salió hace un rato de tu oficina. Tiene una excelente hoja de vida y creo que me fue suficiente.

—¿Así nada más? ¿Sin aplicar las pruebas de cocina? —cuestiona ella, incrédula.

—Nos urge una persona en el puesto. Creo que ella fue buena elección —sonríe con mucha emoción—. Además, podemos ponerla a prueba directamente en la cocina y si surgen inconvenientes la despedimos y contratamos a alguien más.

Para él, todo parece más sencillo. Es un hombre que no vive de las complicaciones y peor cuando sus intereses personales están de por medio.

—Como diga el señor. A fin de cuentas, es el dueño y puede hacer lo que mejor le parezca. Aunque no está de más mencionar que yo pienso que el joven se ha dejado impresionar por la belleza femenina, otra vez.

—Te aseguro que no. En ella miré talento, mucho talento —utiliza ademanes raros para tratar de convencerla.

—Sigo pensando igual —replica mientras toma asiento en su escritorio.

—¡Gracias, mi querida Sarita! Eres la mejor.
»Pero eso que dijiste, no es tan relevante. Admito que Isabella es guapa y muy atractiva. Sin embargo, siento que será una excelente cocinera —le da un caluroso abrazo.

—Solo espero que esta contratación, así tan repentina, no traiga problemas futuros —se queja llevándose ambas manos a las sienes.

—¿Cuáles problemas? No habrá problemas, ya verás —asegura Fabricio.

Ella, no dice nada más, sabe perfectamente que su jefe es un hombre que no da el brazo a torcer con facilidad y lo mejor será hacerle creer que tiene la razón, aunque en realidad no la tenga.

Ambos ríen de la situación. Luego, él sale de su oficina, con una sonrisa juguetona entre labios y muy pícaros pensamientos en su cabeza.

Fabricio es un hombre soltero que definitivamente no confía en las mujeres, piensa que su estatus social y económico influye mucho cuando de amor se trata. Además, no ha tenido buenas experiencias amorosas, y por eso se mantiene al margen del romance. Aunque en el fondo es una persona a la que le gustaría conocer el verdadero amor y sentir que lo eligen por quién es y no simplemente por dinero. Considera que tiene capacidad para conquistar a una mujer antes que ella se entere de que es dueño de una gran fortuna. Hasta el momento no ha llegado la persona indicada.

Fabricio sabe que las mujeres, en su mayoría, solamente buscan un buen futuro económico que les asegure una vida plena sin tanto esfuerzo y por eso se limita de los verdaderos compromisos, otorgándole interés a disfrutar del sexo sin ningún tipo de atadura. Cuando siente que la atracción por un cuerpo femenino está excediendo los límites, prefiere alejarse para siempre.

Acostumbrado a hacer este tipo de cosas, cree que Isabella será la próxima víctima en su lista, puesto que ella le ha causado bastante impacto con su belleza física. Él sabe que no debe entregarse al amor, ya una vez le rompieron el corazón y lo mejor será no dar más.

Entra a su oficina, cierra la puerta, se sirve un poco de vino y se acomoda en el sofá instalado a un costado de su escritorio. Recuerda todo lo que ha sucedido en aquel apreciado compañero con tapizado de terciopelo en color café y sonríe. Luego recuerda la belleza de Isabella y se siente extraño al darse cuenta de que no se le cruzaron pensamientos eróticos, solamente su seriedad y un temperamento desafiante. Paladea la bebida de la copa y suspira. Su mirada se torna triste y comienza a inundarlo recuerdos del pasado.

Primero, aparece Sabrina, el gran amor de su vida y la razón por la que ahora actúa fríamente con las mujeres. La conoció cuando eran adolescentes, la amó con locura y se dejó amar. Por cosas del destino, se separaron unos años y después cuando volvieron a reencontrarse se comprometieron. Estaban cerca de la boda cuando la familia de Fabricio sufrió una triste pérdida que conmocionó a todos, haciendo incluso que descuidaran sus negocios personales y por tanto estuvieron a punto de irse a la quiebra. Sabrina rompió el compromiso y también el corazón de Fabricio. Al pasar los meses, ella contrajo matrimonio con un gran empresario y competencia directa de "Marina Hoteles", provocando que él se sintiera traicionado por quien había sido el amor de su vida. También comprendió que ella se mantuvo a su lado por interés. Fue en ese momento cuando hizo la promesa de no volver a enamorarse nunca más y peor volver a comprometerse.

Después, se va desplegando una serie de pensamientos de su familia. En su padre, quien siempre ha sido su mejor amigo y su único consejero. Su madre, aparece entre sus recuerdos como siempre, amorosa y atenta a sus inquietudes. Luego, piensa en Melissa, su hermana menor, a quien adora con todo su ser, pero lo mantiene en constante preocupación debido a su falta de razonamiento para comportarse debidamente. También llegan recuerdos de Mauricio, y sin darse cuenta, lágrimas comienzan a salir de sus hermosos ojos verdes.

Toma de un sorbo todo lo que quedaba en la copa y aspira hondo. Se pone en pie, busca la botella y se sirve más vino, lo consume de un solo trago sin darse tiempo de disfrutarlo, limpia su cara y decide ir a casa.

La noche comienza. Las luces de la ciudad lo empapan de recuerdos, como cuando salía a cenar con su hermano.

—Hermanito, ¡has llegado! —Melissa corre alegre y lo abraza.

—¿Te parece si vemos una película? —responde con cariño y una sonrisa a medias.

—¿Me estás invitando al cine? —cuestiona sorprendida, aunque no es la primera vez que salen juntos.

—Es una posibilidad —aclara, al mismo tiempo que sube la escalera—. Me daré un baño y en seguida bajo.

—Te estaré esperando. Yo, ya estoy lista.

»Iré a decirle a mamá que cenaremos fuera, para que no se preocupe por nosotros.

—¡Perfecto!

Melissa busca a su madre en la sala de estudio y la sorprende observando con nostalgia una fotografía de su hermano Mauricio.

—Madre, han pasado casi siete años —la consuela.

—Para mí, es como si hubiera sido ayer.

Melissa la abraza calurosamente, le sonríe y le da un beso en la frente.

3

Celebrando un triunfo

Isabella llega a su casa, estaciona el automóvil. Luego, entra a su hogar. Su madre la recibe feliz por tenerla de regreso. Después de saludar, un tanto ansiosa y a la espera de buenas noticias, indaga un poco sobre la entrevista.

—¿Cómo te fue?

Isabella no puede ocultar su desbordante sonrisa.

—Yo creo que no hace falta respuesta, mamá —sonríe Antonella mientras se une a la conversación.

—¡Así es, hermanita! —confirma—. Me han contratado —termina y se deja caer en el sofá.

Antonella salta emocionada, al mismo tiempo que lanza porras y la felicita, alejándose para traer una botella que puso a enfriar, especialmente para celebrar.

—Tenemos que festejar. Voy por las copas.

Se reúnen en la sala y brindan con mucha emoción.

—Ya verás que vamos a salir de esta, mamá —consuela Isabella al notar la tristeza de su madre.

—Lo sé, hija.

—Sé que tenemos muchas deudas, pero te aseguro que yo puedo —expresa para calmar a su agobiada madre.

Se acerca hasta ella. La abraza, después la besa en la frente. La menor de la familia se acerca también y se une a ellas en un cálido abrazo.

—Por ahora me interesa que tú no dejes de estudiar —exclama a Antonella.

—Debemos demasiado. En cualquier momento me echan de la secundaria —comenta.

—¡Claro que no! Yo no lo voy a permitir. En cuanto pueda nos ponemos al día con el pago de las mensualidades. Ya verás.

—Sigo pensando que debo buscar un trabajo —añade mamá.

—No señora, usted no está en condiciones para ir a trabajar. Además, ya lo hizo por mucho tiempo y ahora me toca a mí —la ve directo a los ojos.

—Pero, yo sí puedo buscar un lugar para trabajar. El dinero extra nos caería muy bien —sugiere Antonella.

—Eres menor de edad. En ninguna empresa te darán trabajo. Por ahora en lo que puedes ayudar es estudiando como lo has venido haciendo. Quiero que te prepares muy bien —la hala y la acomoda en su hombro.

—Eres una mujer extraordinaria y estoy segura de que un día vas a recoger muchos frutos de todo lo que siembras a diario, hermana.

—Dios te escuche cariño. Anda, ve a la cocina y ayuda a mamá, yo iré a tomar un baño y pronto cenaremos.

Antonella se pone en pie y camina. Unos pocos pasos después, se detiene de golpe y voltea la mirada hacia su hermana mayor.

—Olvidé decirte que César ha llamado.

—¿Y qué ha dicho?

—Solo preguntó por ti y dijo que llamará después. Han roto, ¿cierto?

—No, no hemos roto... aún.

—Yo creo que te mereces a alguien mejor.

—Empiezo a creer lo mismo.

Las dos dejan el tema y se dedican a hacer lo que estaba planeado. Isabella entra en su habitación y camina hasta su cama, se sienta y toma de la mesita de noche, la fotografía de su padre.

—¡Me haces tanta falta, papá! —susurra con una marcada nostalgia—. Si tan solo estuvieras con nosotras, las cosas serían un poco más fáciles. Mamá te extraña demasiado, desde que partiste noto a diario la tristeza en su mirada, dejaste un enorme vacío dentro de ella y a nosotras nos quedaste a deber muchos momentos que solo viven un padre y una hija —no pudo contenerse y comenzó a llorar desconsoladamente.

Isabella es fuerte, pero solo su habitación sabe que de vez en cuando necesita desahogarse para sentirse mejor y continuar. La responsabilidad de sostener a su madre y a su hermana la agobian de vez en cuando, pero intenta seguir adelante porque son lo único que tiene y ambas solo la tienen a ella.

Seca sus lágrimas. Se sosiega mientras se desviste para entrar a la ducha.

«No hay razón para sentirme triste», piensa.

El agua fresca comienza a caer sobre su cuerpo. Isabella se siente en calma y se olvida de todo por un instante. Después, sin darse cuenta, se encuentra pensando en Fabricio. Aquel joven de ojos verdes la ha dejado cautivada con su atención. Aunque en el momento se mostró indiferente, sabe bien que el coqueteo por parte de él, le gustó. Fue atento y servicial, la trató como nadie nunca la había tratado en los últimos meses, incluso en las entrevistas de trabajo no le habían dado la importancia que él le dio. De la nada, el recuerdo de su novio la invade y sonríe.

—Tengo que hablar con César —dice en voz baja—. Lo mejor será terminar mi relación con él.

César ha estado diferente en las últimas semanas. Hasta parece que desea manipularla y tener el control absoluto sobre ella.

Aún no termina de vestirse cuando Antonella llama a la puerta.

—¡Pasa!

Antonella entra, le hace gestos de incomodidad y le entrega el teléfono inalámbrico.

—Es César. Ha vuelto a llamar.

Isabella se queda en silencio unos segundos.

—No quiero hablar con él. Di que estoy en la ducha.

Antonella toma el teléfono y continúa con la llamada.

—Oye, Isa todavía no sale de la ducha. ¿Podrías llamar luego? ¡Porfis!

—Puedo sentir que está a tu lado. Ella me está evitando. ¿Cierto? Ya no responde su móvil.

—Claro que no, de verdad está en la ducha. Hace poco volvió de una entrevista de trabajo y su móvil está en mal estado —explica observando a su hermana, quien se sienta junto a ella en la cama.

—Dile que muero de ganas por verla, que me llame pronto.

—Por supuesto, César. Yo se lo digo —afirma y corta la llamada.

—¿Qué te ha dicho? —cuestiona Isabella, un poco inquieta.

—Que muere de ganas por verte. También preguntó si lo estás evitando.

—César es muy testarudo.

—Es un tipo irritante y ni mamá ni yo lo queremos. Termina con él antes de que sea demasiado tarde.

—Sí, lo haré, te lo prometo. Mi relación con él ya no es sana y ya no me siento bien con su compañía.

Antonella abraza a su hermana y ambas sonríen. Después, salen de la habitación e Isabella termina de vestirse. Sin perder tiempo, ensaya las palabras con las que romperá su noviazgo.

4

Compañeros de trabajo

EL PRIMER DÍA DE TRABAJO en "Marina Hoteles".

Un poco antes de las ocho de la mañana, Isabella espera en recepción para ser asignada a su puesto de trabajo.

Sarita la atiende y la hace pasar al departamento de recursos humanos para afinar ciertos detalles, como la firma de documentos importantes, entre ellos, el contrato de trabajo, un contrato de confidencialidad y otros papeles poco relevantes. Le comenta sobre los horarios laborales, le asigna su uniforme y le cuenta otras cuestiones esenciales sobre la cadena de hoteles que todo colaborador debe saber.

Luego de una ligera inducción sobre cosas básicas, le pide que la acompañe a conocer a algunos compañeros de trabajo con quienes mantendrá contacto directo. Pasan frente a la sala de juntas donde se nota que las cosas están un poco tensas, pero no se escucha nada, tan solo se observan los gestos de desagrado y desacuerdo de los ahí presentes. Fabricio está ahí adentro y nota la presencia de Isabella, por lo que de inmediato intenta ocultarse, ya que por ahora desea mantener en secreto, ante ella, que él es uno de los dueños.

Isabella no presta atención a lo que está sucediendo. Por el contrario, se hace la desentendida y eso le agrada a Sarita, quien la mira sonriente y la dirige hasta su oficina nuevamente, para explicarle que ha llegado el momento de movilizarse hacia el hotel donde estará asignada.

Sin duda es una cadena muy prestigiosa, pero el mejor de todos sus hoteles es "Hotel Caracol", a donde la han enviado justamente.

Isabella se siente muy afortunada, porque no imaginó correr con tanta suerte, además de sentirse nerviosa, ya que a partir de ahora el estómago de muchos clientes y para ser precisos, los mejores, estarán en sus manos.

Fabricio ingresa a la oficina. Saluda y observa fijamente a Isabella, quien está atenta a lo que le dice Sarita y omite la presencia de él.

—Bien. Baja a la sala de espera y dile a Natalia, la encargada de recepción que te ayude, que te envío yo.

—¿Va para el hotel? —interviene inquieto Fabricio.

—Sí. Ahora mismo la estoy enviando a su lugar de trabajo —Sarita evita mirarlo a la cara.

—Yo la llevo.

—Ya está alguien esperándola en el estacionamiento.

—No hace falta, yo voy para el hotel —insiste.

Isabella sonríe, pero no dice nada.

—Deja que la lleve el chofer.

Sarita trata de evitar lo que prosigue. Sabe perfectamente que Fabricio solo está intentando aprovechar cualquier oportunidad que le permita acercarse a Isabella con la intención de conquistarla.

—No, Sarita. Yo voy para el hotel, tengo pendientes allá. Llama al estacionamiento y cancela el viaje —su timbre de voz es fuerte, sensual y varonil.

Sarita comprende que no hay nada que pueda hacer y se da por vencida, tomando entre sus manos el teléfono para llamar al encargado del transporte de personal.

—Bien, acompáñame —indica Fabricio a Isabella.

Ella se pone en pie, toma sus cosas y sale junto a él. Caminan hasta el elevador y se queda pensativa mientras él presiona un botón.

—¡Entra!

Isabella avanza sin decir nada y se ubica en un rincón. El elevador se cierra y comienza a bajar. Se pone nerviosa y aunque intenta disimular, su miedo es muy evidente.

—¿Te pasa algo?

Ella no responde.

—¿Estás bien? —insiste.

Ella lo observa y sonríe tranquilamente.

—No pasa nada. Le temo al encierro y a las alturas.

Fabricio se acerca lentamente y la toma de la mano. Isabella observa la mano de él junto a la suya y después eleva su mirada hasta el rostro de Fabricio, quien la ve con ternura.

—No temas.

En ese momento el elevador se detiene y se abren las puertas. Ella lo suelta bruscamente y aparecen justo frente al estacionamiento.

—Por aquí —le indica, señalando el camino hacia su automóvil.

Isabella camina junto a él, con extremo silencio. Todavía sigue nerviosa por la situación en el elevador. Fabricio le abre la puerta y ella sube. Entra él y enciende el motor, cuyo sonido es suave.

—Debes ganar muy bien. ¿Este automóvil es tuyo? —lo ve, un poco sorprendida.

—No creas, aquí están los ahorros de muchos años de trabajo —miente rápidamente.

—Es necesario el sacrificio cuando queremos lo que deseamos —agrega ella.

Fabricio sonríe sarcásticamente, sabe muy bien que nada de los lujos que posee le han costado tanto sacrificio como ella cree.

—Me alegra saber que seremos compañeros de trabajo —intenta romper el silencio circundante.

Ella lo mira inquieta y se pone seria sin saber por qué.

—Es la oportunidad que he estado esperando desde muchos meses atrás, espero quedarme por un buen tiempo —desvía su mirada.

—Claro que sí, ya verás —afirma como si tuviera planeado el futuro entre ambos.

Isabella es hermosa, por donde quiera que la veas, de frente, de espalda o de perfil. Sin duda alguna, ella es un ángel terrenal y Fabricio está muy ilusionado con tenerla solo para él.

Ambos guardan silencio el resto del viaje, hasta que finalmente llegan al hotel. Él se estaciona y baja del automóvil, camina hacia la puerta de Isabella, pero ella ya se ha adelantado.

—Las mujeres podemos —acota sin más.

—Solo nos gusta ser atentos. Aunque me gustan las mujeres autosuficientes —la mira y sonríe.

—¡Gracias por traerme! —no sabe que responder al último comentario de él.

—Es un placer —la mira a los ojos.

Por primera vez Isabella siente que aquellos ojos verdes la queman, sus mejillas se ruborizan y gira su rostro para disimular.

—¿Dije algo indebido, Isabella? —nota la incomodidad de ella.

—No, no has dicho nada incorrecto —intenta calmar los nervios que le han vibrado repentinamente.

—Está bien. ¡Vamos, que te esperan! —señala la entrada al edificio.

Ambos caminan en dirección a la puerta más cercana, y antes de que los vean juntos, Fabricio toma el elevador y le indica a Isabella que busque a la recepcionista al final del pasillo para que le ayude.

5

Problemas amorosos

Después de una semana de intenso trabajo, elaborando menús y proponiendo nuevas combinaciones de sabor, llegan los días de descanso, y pese a que Isabella se sienta agotada, también sabe que está muy feliz y satisfecha con su empleo. Finalmente se encuentra haciendo lo que más ama hacer y eso es muy gratificante.

Por otro lado, su novio la invita a pasar el fin de semana lejos de casa, pero ella prefiere pasar con su hermana y con su mamá, misma que se encuentra un poco mal de salud. Isabella es una mujer muy cuidadosa y por nada del mundo piensa dejar a su madre al cuidado de Antonella, no es que no lo sepa hacer, pero cree que es mucha responsabilidad para una adolescente.

Por suerte, ahora sus ingresos son mayores y aunque no ha llegado el día de pago, espera ansiosa esa fecha, puesto que tiene muchos compromisos económicos con los que debe cumplir. También piensa que, si pasa el tiempo de prueba y logra quedarse de manera definitiva, alcanzará estabilidad y solvencia significativa en muy poco tiempo, lo cual se traduce en tranquilidad.

Isabella está en la recámara de su madre, llevándole unos medicamentos, cuando Antonella se asoma con el teléfono en la mano.

—¿Quién es?

—César, y parece molesto. Mejor toma la llamada y habla con él —sugiere y le da el aparato.

Isabella sale de la habitación, no quiere que su mamá la escuche discutiendo con su novio.

—¡Hola! —con tono seco y cortante.

—Me tienes abandonado —se queja César.

—Sabes muy bien que estoy trabajando y mi madre está enferma.

—Siento que ya no deseas estar conmigo.

—Hace unos días te pedí que habláramos, pero no quisiste.

—No tenemos nada qué hablar, solo deseo verte y estar contigo.

—Antes tenemos que hablar, las cosas entre nosotros no han estado bien.

—Me quieres dejar, ¿cierto? —intenta victimizarse.

—Lo mejor es darnos un tiempo para pensar bien lo que queremos.

—Yo, lo único que quiero es estar contigo, que nos casemos, que vivamos juntos.

—¡No, César! No es así de sencillo.

—¿Estás viendo a alguien más?

»Eso es. Tú estás saliendo con otro hombre, por eso me quieres dejar. Eres una cualquiera.

—Primera y última vez que me faltas el respeto de este modo, no quiero volver a saber nada de ti. No llames ni me busques.

Isabella cuelga la llamada y de cierto modo se siente aliviada, tenía días queriendo romper con César, pero hasta ahora había sido imposible.

—¿Lo terminaste? —Antonella aparece curiosa al salir de la habitación de su mamá.

—En realidad se terminó hace mucho, pero sigue sin aceptarlo —comenta abrumada de miedos.

El teléfono comienza a sonar y ambas se espantan. Después, quedan viéndose una a la otra y sonríen.

—No es para tanto. Solo es un teléfono sonando.

—¡¿Hola?! —Isabella observa a su joven hermana.

—¡No puedes hacerme esto! —se queja César al otro lado del teléfono.

—Puedo dejarte cuando yo quiera y ahora mismo estoy más segura que nunca de que lo nuestro terminó hace mucho tiempo atrás.

—Si me dejas, me muero. Yo no sé vivir sin ti.

—No digas estupideces. Compórtate como un hombre maduro.

—Entiende que te amo y que, mi vida sin ti no tiene sentido.

—Enfócate en tus cosas, en tus metas, termina tu maestría, conoce a otras personas, enamórate de nuevo.

—Yo no tengo ojos para otra mujer. No quiero enamorarme de alguien más. Lo único que deseo es amarte para siempre.

—Lo que sientes por mí no es amor, es obsesión, una obsesión enfermiza que ha hecho que deje de amarte.

—No digas nada, yo sé que todavía me amas, y mucho. Tú solamente estás confundida, así de sencillo. Estás confundida, estás cansada por tu trabajo, seguro que allí te explotan.

»Por favor, ¡veámonos!

—¡Lo siento, César! No hay vuelta atrás. Ya no quiero saber nada de ti.

—¡No me cuelgues! —suplica—. ¡Te amo!

—Se terminó, César. Entiéndelo.

Isabella corta la llamada y comienza a llorar. Se siente muy mal por lo que acaba de hacer, pero es necesario, ella necesita volver a empezar.

Antonella se acerca hasta ella y la abraza.

—Es lo mejor que pudiste hacer, ahora eres libre. Aunque no estabas presa, parecía que sí.

—Tengo miedo, Antonella.

—¿Miedo?

—La obsesión disfrazada de amor, es un arma mortal capaz de romperte en mil pedazos.

—César debe entender que ya no quieres nada con él.

—Espero que sí.

Ambas guardan silencio por un breve momento, y de pronto se escucha un ruido muy fuerte en una de las habitaciones. Las dos corren para ver de qué se trata y se impresionan al observar a su madre tendida en el piso.

—¡Mamá! —grita Antonella.

—¡Mamá, mamita! —dice Isabella—. Anda, Anto. llama al hospital. Parece que mamá está empeorando.

—¿Qué pasa Isa? ¿Qué tiene mamá?

—Está ardiendo en fiebre.

Luego de unos minutos llega la ambulancia y ambas se van al hospital.

Por suerte, no hay mayor complicación en la salud de Blanca y pronto le dan el alta. Pero cuando Isabella va a la farmacia a comprar los medicamentos de su madre, se da cuenta de que son muy caros y que no cuenta con el efectivo necesario para pagar la cuenta.

—Isabella, ¿qué haces por aquí? —Fabricio se asoma y ella se sorprende.

—Es mi mamá. Está muy enferma y vine por unos medicamentos.

»Y tú, ¿qué haces aquí? —la invade la curiosidad.

—Pues, me duele mucho la cabeza y vine por unas pastillas —miente porque en realidad lleva ratos intentando localizarla con el afán de mirarla por unos segundos.

—Lo lamento, señorita. Su tarjeta no cubre el costo de los medicamentos, por fondos insuficientes —el encargado de la farmacia los interrumpe.

La mirada de Isabella se torna triste y Fabricio lo nota.

—¡Pase la mía! —él entrega su tarjeta.

—¡No! ¿Cómo crees? —se altera ella.

—Ten calma. Necesitas esos medicamentos para tu madre y puedo ayudar.

—Sí, pero no puedo aceptar.

—Tómalo como un préstamo. Cuando tengas el dinero me lo puedes pagar. Anda, acepta.

Ella, desconcertada, preferiría rechazar la propuesta, pero su madre realmente requiere los medicamentos y eso supera su orgullo.

—No sabes cuánto te lo agradezco. Todavía no recibo el primer pago de mi nuevo trabajo y de verdad que necesito la medicina para que mamá no empeore.

—¡Tranquila! No te sientas en deuda conmigo. Estoy seguro de que tú harías lo mismo por mí.

Los dos se miran a los ojos, se despiden cordialmente y cada quien se va por su lado.

6

Golpe de suerte

EL DÍA QUE FABRICIO MIRÓ por primera vez a Isabella, tuvo una leve sensación de haberla visto antes.

«La conozco, yo sé que la conozco», se repitió en silencio. «¿Pero de dónde?», se preguntó.

En realidad, así fue. Ambos, ya se habían cruzado uno en el camino del otro, con la única diferencia de que Fabricio fijó sus ojos en aquella brutal belleza física tal y como solía hacerlo desde hace mucho tiempo. Para nadie era un secreto que, como hombre, él solo buscaba a las mujeres para tener ligeras aventuras de las que pudiera deshacerse con facilidad. Sin embargo, aunque Isabella estuvo muy cerca de él, en ningún momento le tomó importancia a su presencia.

«¡Claro! Es ella, la joven bella del vestido rojo. Aquella vez en el centro comercial», recordó con alegría y sonrió para confirmar lo feliz que se sentía por haber encontrado a una mujer que llevaba varios meses buscando.

Todo lo anterior le dio el impulso para contratarla sin siquiera hacerle las pruebas impuestas por él mismo. No fue un golpe de suerte lo que le permitió a Isabella ocupar con tanta facilidad un puesto casi imposible de obtener, sino más bien el deseo carnal de un lobo cazador acostumbrado a poseer mujeres apetitosas a su antojo.

Isabella no lo podía creer, estaba tan asombrada, que no sabía qué había hecho para merecer tanto y creía que aquel día el universo había estado de su lado, pero nada era lo que parecía. Fabricio tenía planes mucho más intensos para ella. Cocinar, no iba a ser su principal función dentro de aquella cadena de hoteles tan prestigiosa.

—Armando, tengo trabajo para ti —dijo a través del teléfono.

—Lo que ordene, señor —se puso a su disposición.

—Necesito que investigues hasta el más mínimo detalle. ¿Me escuchas? Hasta lo más irrelevante según tú.

—Voy para su oficina y me explica con mayor detalle qué trabajo es el que desea.

—Aquí te espero —colgó.

Después de unos minutos, Armando entró y se puso de pie frente a su escritorio.

—¡A sus órdenes! —fijó la mirada en la carpeta sobre el escritorio.

—Investiga sus puntos fuertes, sus debilidades y cada detalle de su vida. Ya sabes, que todo sea tan limpio y jamás llegue a descubrirlo —le entregó la carpeta.

Armando la abrió y observó con detalle la fotografía de Isabella, más que todo para grabarse el rostro de la próxima víctima de Fabricio.

—¡Es muy hermosa!

—Sí que lo es. Simplemente bella. ¡Toma asiento!

Armando colocó la carpeta sobre el escritorio y en seguida tomó el trago que su jefe le estaba invitando.

—Yo debería decir que basta ya.

—¿Basta? ¿A qué te refieres?

—Céntrate en las cosas verdaderamente importantes en tu vida.

—Ella lo es. Llevo meses buscándola y lo sabes.

—Lo sé, soy quien la ha buscado hasta el cansancio.

En realidad, ya la había encontrado, pero no quiso decírselo a su jefe porque Isabella le pareció una mujer que no merecía ser utilizada para un momento pasional y luego ser desechada. Él recibió la orden de buscarla mucho tiempo atrás, ahora entendía que no había servido de nada ocultar toda la información que recolectó, puesto que ambos habían vuelto a coincidir.

—¿Te das cuenta? Tú no la encontraste, pero ella vino a mí con mayor facilidad, como que tuviera que pasar, como si de cierto modo se cumpliera una frase que leí hace mucho tiempo, no recuerdo dónde.

—¿Que frase?

—Lo escrito, escrito está.

—Sabes que te aprecio como a un hijo, ¿cierto?

—Lo sé. Lo sé, Armando. Sabes que te respeto como si de un padre se tratara.

—Piensa en lo que haces, ya es hora de que sientes cabeza.

—Sé lo que hago, querido amigo. No te mortifiques.

Armando lo observó y sonrió. Luego, tomó la carpeta, se puso de pie y salió de la oficina sin decir más. Mientras condujo por la ciudad, pensó en lo mal que se sentiría Fabricio si se enteraba que nunca le brindó la información sobre el hallazgo de Isabella y decidió que investigaría lo necesario para actualizar la información que ya tenía. De cierto modo deseó liberarse de esa culpa que lo invadía.

«Todo por querer que sea un hombre racional de una vez por todas», se dijo a sí mismo. «¿Para qué? Si ahora la misma caperucita ha llegado a meterse en la boca del lobo», pensó en silencio.

Días más tarde, Armando ya tenía suficiente información importante sobre Isabella.

—¿Qué tal mi apreciado Armando? —saludó cuando lo vio entrar en su oficina.

—¡Todo bien! Traigo buenas noticias para ti, de las que has estado esperando con tanto afán.

—¡Cuéntame! —pidió mientras servía dos tragos.

—Ya tengo todo lo que me pediste. Te va a gustar —le informó y extendió su mano para tomar el vaso que Fabricio le ofreció.

—¡Salud por eso! —levantó su pequeño vaso en señal de brindis.

—¡Aquí tienes! —le entregó la carpeta y un sobre de papel manila con fotografías en su interior.

Fabricio tomó ambas cosas y las colocó a un lado.

—¿No vas a ver? —quedó sorprendido, ya que con esos temas Fabricio siempre fue curioso.

—Ahora no, ¡lo haré más tarde! —tomó de un solo trago su bebida.

Armando se despidió comprendiendo que a lo mejor su jefe necesitaba estar a solas para mirar con detalles la información.

En cuanto quedó solo, Fabricio tomó entre sus manos la carpeta y el sobre. Por un instante se cuestionó a sí mismo por lo que estaba haciendo. Segundos después, se encontraba mirando las fotografías, entre ellas había fotografías de Isabella con su madre, con su hermana y con su novio. Fabricio observó con detalle, pero no tuvo valor suficiente para abrir la carpeta, así que la tomó y la guardó entre sus cosas en un archivo gris cerca de su escritorio.

«Esta vez, lo haré de otra manera», musitó al cerrar con llave la gaveta.

Se puso en pie y salió de su oficina. Sintió como si el aire le faltaba y además necesitaba mitigar su curiosidad.

7

Engaños perfectos

UNA NUEVA SEMANA DA INICIO. Isabella se siente muy feliz porque la salud de su madre ha mejorado, también porque tiene más de un mes trabajando y todo ha ido de maravilla.

Despierta antes de que suene la alarma, se pone en pie y entra en la ducha. Más tarde sale, lista para desayunar.

—He preparado panqueques para el desayuno —la sorprende Antonella.

—Mira. Pero si tú eres una dormilona que odia despertar temprano.

—Mamá no está completamente recuperada y no te puedes ir sin desayunar. Además, ya le serví a ella también.

—Amaneciste muy eficiente. Espero estar igual que tú.

Isabella va hasta la recámara de su madre a saludar y regresa para desayunar junto a su hermana. Después se despide y se marcha a su trabajo.

Por otro lado, Fabricio organiza una supervisión no programada, con la única intención de volver a ver a

Isabella, por lo cual se dirige al hotel donde fue asignada. La busca en la cocina y en cuanto la encuentra se queda anonadado observando de lejos todo el encanto con el que pica unos vegetales. Ella, enseguida siente su presencia y se gira para encontrarse con esos divinos ojos color verdes que la intimidan sin que lo sepa, le sonríe amablemente y continúa en lo suyo.

—Disculpa me han enviado del departamento para preguntar cómo va todo.

—Pensé que eras el jefe de recursos humanos —sin distraerse de sus labores.

—¿El jefe del departamento? —por un momento, se queda pensativo—. ¡No! ¿Cómo crees? Soy solamente el asistente de Sarita —intenta no parecer nervioso.

—Nunca hubiera pensado que el asistente del departamento sería quien me diera el puesto.

—De hecho, no me correspondía, pero Sarita estaba muy ocupada y pude ver en tu rostro que eres una buena chef y que serás de éxito para este hotel —se acerca más a ella—. Casi siempre, uno logra ver a través de la personalidad y el carácter de alguien lo que es capaz de lograr.

—Agradezco tus palabras.

—También me enviaron a probar lo que cocinas. Y lo digo en serio —sonríe divertido.

—Claro. Toma lo que desees —busca un plato pequeño y se lo da.

—Probaré el postre. Se ve delicioso —pone la mirada en la gelatina con frutas que recién cortó.

—Ahorita te sirvo —busca una espátula para sacar un buen trozo.

Fabricio se lleva el primer bocado a la boca y lo saborea mientras cierra los ojos. Después sonríe y la mira con mucha satisfacción.

—¡Está exquisito!

—¡Disculpe, señor! Lo buscan —interrumpe una de las asistentes.

—En seguida, voy.

—¿Señor? —cuestiona Isabella.

—Descuida. Es la manera que han adoptado para tratarme por aquí.

—Es que habló como si se hubiera estado refiriendo al dueño o algo parecido.

—No, no. Es solo respeto o no sé —se pone nervioso y no sabe qué decir, pero lo disimula muy bien—. En seguida vuelvo —termina y sale de la cocina.

Isabella se queda pensando en él, en sus ojos color verde, en su cabello alborotado, en sus labios bien definidos y por último aspira profundo para sentir el aroma a perfume caro que ha quedado disuelto en el aire. Hace a un lado sus pensamientos y se centra en sus quehaceres.

—¿Eres la nueva jefa? —pregunta una joven de unos veintidós años.

Alison lleva el cabello con tinte rojizo y aunque no es natural, le queda perfecto porque su piel es blanca, muy blanca.

—¿Jefa?

—Llevas varias semanas trabajando aquí y, ¿nadie te ha dicho que serás la encargada de la cocina? —frunce el ceño y luego estira su boca notándose incrédula.

—¡Pues, no! Me parece extraño que aún no me presentan al encargado de esta área, pero tampoco sabía que seré precisamente yo —sonríe sorprendida, pero asustada.

Isabella no sabe si se comporta así por felicidad o por miedo. Aunque ella es muy segura de sí misma, sabe que ser la encargada es una enorme responsabilidad para la que no tiene idea si está preparada o no.

—Olvidé decirte que te han ascendido —Fabricio regresa y habla desde la puerta.

—¿Disculpa? No comprendo.

—La cocina de este restaurante queda a tu cargo.

—¡Ah!, ¿sí? ¿Tan pronto? —la asalta la confusión.

—Ya tienes varias semanas. A los clientes les ha encantado la comida. La página web se llena a diario de reseñas que hablan muy bien de los platillos y ahora que he probado lo que preparas comprendo la razón.

Isabella sonríe feliz, no sabía lo que estaba sucediendo. No tuvo tiempo de verificar lo que comentaban en las páginas del hotel, ya que estuvo ocupada atendiendo a su mamá.

Fabricio no dice más y sale de la cocina.

—¡Es tan guapo! —susurra Alison.

—¡Sí, bastante! —confirma Isabella.

—Lástima que no podamos fijarnos en él —añade un gesto que refleja pesar.

—¿Por qué?

—Para comenzar, es un mujeriego de primera.

—Alison. Te necesitan en el departamento de recursos humanos —interrumpe alguien, asomándose por la puerta.

De esta manera, se evita que Isabella descubra que Fabricio es uno de los dueños. Alison lleva unos pocos años trabajando para "Hotel Caracol", así que conoce algunos detalles sobre la vida de Fabricio, más que todo aquella información que no se puede mantener herméticamente guardada.

Isabella continúa trabajando, más contenta que antes, puesto que no esperaba que le dieran una responsabilidad tan grande en tan poco tiempo. Pero se siente orgullosa de su logro y sabe que eso le permitirá mejores ingresos y un gran salto en su vida profesional.

—Isabella. Disculpa, en recepción te espera un chico que dice que es urgente que hable contigo —dice una de sus compañeras.

—¿Me espera a mí? —incrédula gira su cabeza para buscar a otra Isabella.

—Te esperan. Anda, ve —le sugiere, mientras sonríe.

Isabella retira su delantal y olvida quitar la red de su cabeza. Sale y se sorprende cuando se encuentra con quien menos esperaba: César.

—¿Qué haces aquí? —se le nota molesta.

—Tenemos que hablar. Tú y yo no podemos terminar así —procede a victimizarse.

—No tenemos nada de qué hablar y lo mejor será que te retires —señala la salida—. Ya ha pasado más de un mes desde que terminamos y todo quedó claro entre nosotros.

—No. No me iré hasta que hablemos —toma una postura muy insistente.

—Ya escuchó a la joven. ¡Retírese! —ordena Fabricio, acercándose al notar que algo no va bien—. De lo contrario lamento informarle que tendrá serios problemas con los de seguridad.

—¡Hablemos afuera! —toma del brazo a Isabella.

—¡Suéltame! —ella está totalmente incómoda.

—¡Suéltala y retírate! —interviene Fabricio antes de que Isabella resulte lastimada.

César la suelta y se aleja. Ella se siente liberada, pero los nervios la traicionan y comienza a llorar. Fabricio se acerca y la abraza para transmitirle calma.

8

Romance a la vista

Isabella regresa a la cocina, intentando concentrarse en los platillos que tiene asignados preparar. Sabe que debe estar tranquila o el menú será un completo desastre, ya que sus ingredientes secretos para servir un excelente platillo son: paciencia, amor y felicidad. Si una de esas amargas y saladas lágrimas toca uno de los ingredientes que utilizará, los sabores se volverán espantosos y nadie querrá comer lo que prepare.

Fabricio entra a la cocina, para asegurarse de que Isabella se encuentre bien. En cuanto la mira, se va directo hacia ella.

—Escucha. Yo no quería meterme en la relación que tienes con tu novio, solamente me pareció un abuso de su parte hablarte de ese modo.

—¡No, no! No pasa nada. Él ya no es mi novio. Hemos terminado, pero aún no lo acepta.

»¿Sabes? Me tiene muy cansada con su actitud —se desahoga.

—Lo lamento. Espero pronto todo mejore —se acerca a ella para colocar detrás de su oreja un mechón de cabello.

Isabella siente una gran cantidad de emociones revoloteando en su interior. Fabricio la abraza y ella se pone nerviosa. Debido a eso, empuja sin querer una charola que cae al suelo, provocando un pequeño desastre que se asemeja mucho a lo que está viviendo en aquel instante.

—¡Soy una tonta! —murmura.

—Yo creo que estás asustada. No eres tonta ni algo parecido —dice Fabricio.

Ambos se agachan para recoger lo que se ha caído. Isabella no puede disimular y sabe perfectamente que se ha sonrojado, mucho. Tan roja como los tomates que toma entre sus manos. Él se aprovecha del momento e intenta seducirla, acercándose mucho más que antes, tanto que los dos han podido percibir la respiración del otro.

—¡Aléjate! —exclama sorprendida Isabella.

—¡Lo lamento!

—Esto no debería estar sucediendo. Déjame trabajar por favor —súplica mientras limpia las últimas lagrimas que salen de sus ojos.

—¿Qué te parece si cenamos juntos esta noche?

—Yo, realmente no debería... —duda, aunque sabe que le encantaría.

—Anda, acepta. Será solo una cena.

—No puedo... —sus palabras expresan inseguridad.

—La próxima semana. ¿Qué te parece?

—Está bien, la próxima semana —sonríe.

Fabricio sale de la cocina y ella queda envuelta en un torbellino de emociones.

—¡Es una cita! —dice Alison, quien escuchó todo desde una esquina.

—¡No! Claro que no.

—Lo es. Por supuesto que lo es. Solo ten cuidado.

—Está bien, lo tendré —regresa a sus actividades.

Él está contento. Sabe que ha dado un enorme paso al invitar a esa mujer que tanto desea para tener un momento de su compañía. Ahora debe planear algo grandioso para poder impresionarla y si es posible para llevársela a la cama en ese mismo instante.

Los días van pasando. Lentos, tan lentos que Fabricio quisiera tener una sola oportunidad para adelantar el reloj y tener esa cita que tanto espera. Isabella, por su parte, sigue enfocándose en su trabajo e intenta olvidar que pronto tendrá que cenar a solas con aquel hombre que le parece guapo, atractivo y caballeroso. Sigue sin sospechar que él es su jefe y él sigue sin entender que sus pensamientos van cambiando a medida que conoce un poco más a Isabella.

Después de tanto, llega el día esperado. Pero Fabricio tiene un viaje de negocios de emergencia, así que no le queda tiempo de cancelar su cita y tampoco logra contactarse con Isabella. Ella llega al lugar indicado y espera demasiado. Hasta que se da cuenta de que está todo mal, que no debió llegar al lugar por su cuenta, sino más bien tenía que aceptar que Fabricio pasara a recogerla. Entiende que no está bien querer ser siempre la que tenga el control de las cosas. Los minutos avanzan y comienza a sentirse muy frustrada, tanto que siente que la han dejado plantada y después de una larga espera decide marcharse. Sale del restaurante y de pronto alguien la toma por el brazo.

—¡Suéltame! —dice al darse cuenta de quién se trata.

—¿A quién esperas? —César está furioso.

—Eso no tiene que importarte.

—Claro que me importa porque yo te amo y tú eres mía —la toma a la fuerza para darle un beso en los labios.

Isabella intenta soltarse, pero el agarre de César es demasiado fuerte.

—¡Déjame! O te juro que voy a gritar.

—Grita si quieres. Dudo que alguien venga en tu auxilio —se colma de arrogancia.

—Te equivocas. Aquí estoy yo para defenderla —aparece Fabricio por un costado.

—Otra vez este tipo.

—Y tú, otra vez molestando donde ya te han dejado claro que no quieren saber de ti.

—No te metas. Más vale que te alejes.

—De lo contrario, ¿qué?

Isabella está muerta de nervios. No sabe qué hacer o cómo actuar. En ese instante se cruza una patrulla policial que se acerca cuando César y Fabricio han iniciado una batalla campal. Ambos son detenidos por desorden público y es así como Isabella termina en la delegación declarando lo que pasó y denunciando a César por acoso. Tiene miedo, pero comprende que lo mejor será pedir una orden de alejamiento para poder sentirse segura de las constantes persecuciones de su exnovio. Después de cierto proceso dejan en libertad a Fabricio, quien se reúne con Isabella.

—¿Estás bien? —se acerca deprisa a ella.

—Sí. Eso creo. Perdóname por meterte en este lío.

—Perdóname tú a mí, por no haber llegado a la hora que debía. Tuve complicaciones que no entenderías y se me hizo difícil contactarte.

—No pasa nada. No merece la pena molestarme por algo que ya no tiene solución —inclina su rostro.

—Claro que la tiene. Debemos ir a cenar.

—Ahora no. Solo deseo volver a casa con mamá y con mi hermana.

—Entiendo. Déjame llevarte.

—Está bien.

Ambos caminan en busca del automóvil de Fabricio, mismo que ha enviado a recoger al restaurante con uno de sus colaboradores de confianza.

—¿Quién lo ha traído? —señala el vehículo.

—Es mágico, nos persiguió.

Ella guarda silencio y sube sin volver a comentar nada. Su chiste le ha parecido muy malo y pese a eso ya no le queda ánimos para llevarle la contraria a nadie.

9

Cena romántica

ANTONELLA ENTRA INQUIETA A LA HABITACIÓN de su hermana.

—Mira. Y tú, ¿para dónde vas tan hermosa? —sonríe con picardía.

—Saldré con alguien.

—¿Es una cita? —la observa desde la entrada.

—Oye. Hoy estás muy curiosa.

—No me digas que pretendes regresar con César —se remarcó desacuerdo en su gesticulación.

—Lo mío con César terminó hace mucho tiempo atrás, cariño.

»Y mira, aunque él sigue sin entenderlo, tiene prohibido acercarse a mí —toma un labial rojo oscuro.

—A él le darán ganas de besarte si te pones ese labial —sonríe hilarante.

—¡Es la idea, hermana! —con voz seductora.

—¿Acaso no crees que deberías dejar pasar un poco más de tiempo? —cuestiona, sorprendida.

—Casi tres meses han pasado desde que terminé con César y es el mismo tiempo que tengo de conocer a la persona con quién saldré hoy. Además, no voy en serio. Todavía no. Lo que menos deseo es sufrir por un hombre y para eso debo evitar enamorarme otra vez.

—Confío en que sabes lo que haces —se sienta sobre la cama.

—¿Cómo me veo? —gira su cuerpo para ver de frente a su hermana, ya que, hasta ahora solo han hablado a través del espejo.

—¡Preciosa!

»Ese vestido rosa está elegante y sexi a la vez. Sin duda lo dejarás muy impresionado.

»¿Puedo saber quién es? —la carcome la curiosidad.

—¡No! No puedes —dibujada en sus labios, muestra una sonrisa de chiquilla pícara.

—Eres una grosera.

—Y tú, una entrometida.

—¡Oye! —lanza un cojín de los que adornan la cama.

—Mira que, si ensucias te tocará limpiar —advierte en broma.

—Pero si llevo haciéndolo desde que trabajas. Y de gratis. Empezaré a cobrar por la limpieza de tu habitación —sale, cerrando la puerta detrás de ella.

Isabella busca su cartera y recuerda que olvidó perfumarse, así que regresa a su cómoda y observa una bella cadena de plata que le regaló César en uno de sus aniversarios. Tiene un dije de corazón y a ella le encantaba, pero es momento de pasar página. Así que la toma y sin pensarlo dos veces la lanza al basurero.

Antonella regresa y toca la puerta antes de entrar.

—Un carro muy divino te espera afuera.

—Gracias, hermanita. Ahora voy.

Isabella se pone nerviosa, tiene miedo de lo que vaya a suceder durante la noche, pero respira profundo y habla en silencio para sentirse mejor. Ahora, un poco más segura va en busca de su mamá y de su hermana, se despide de ambas y sale de casa.

Fabricio la observa inquieto, como si apreciara una de las maravillas más enigmáticas nunca antes vista.

—¡Estás preciosa! —le susurra acercándose un poco hasta ella.

Isabella sonríe avergonzada e inclina la mejilla para recibir el beso que Fabricio pretende darle. Es un beso tierno, lleno de dulzura con el que ella se siente segura.

Ambos suben al automóvil y emprenden la marcha. Conversan mientras avanzan en el tráfico. Minutos después se detienen frente a uno de los restaurantes más famosos de la ciudad.

—¡Bienvenidos! —saluda un tipo alto y elegante que los recibe en la entrada.

—¡Buenas noches! Tengo reservación.

—Por supuesto, señor. Tengan la amabilidad de acompañarme.

Fabricio extiende su brazo para que Isabella se apoye. Ella lo hace encantada.

—Quinto piso —indica quedándose de pie junto al elevador—. En seguida estará con ustedes un camarero que les atenderé.

—¡Gracias! —responde Fabricio.

El ascensor se cierra y ella respira con intensidad, pegándose hasta el fondo.

—¡Ven acá! No tienes nada que temer —la hala de la mano con suavidad.

Isabella se apoya en su pecho sin que le importe lo que pueda pensar él. Olfatea con gusto el aroma cítrico de la loción que lleva puesta.

«¡Huele delicioso!», piensa y vuelve a oler con intensidad, tomándose su tiempo.

—¡Hemos llegado! —se abre la puerta.

Isabella se sorprende de lo corto que ha sentido el tiempo en el ascensor. El aroma la ha distraído del miedo y el abrazo la llenó de seguridad. Caminan por un ancho pasillo con plantas a los costados y llegan a una pequeña área al aire libre, donde hay tan solo una mesa para dos. Desde ahí se puede ver toda la ciudad. Isabella piensa que es hermoso, y enseguida se da cuenta de que hay rosas sobre la mesa, una botella de vino, velas y pétalos sueltos.

—¡Es todo muy bonito!

Su rostro se llena de satisfacción y alegría. Con sus labios forma una ligera curva que termina de confirmar lo expresado.

—Me alegra que te guste. Es para ti, porque no pude llegar a la cena anterior.

Isabella sonríe y decide tomar asiento, Fabricio la ayuda y después se sienta él también.

Mientras disfrutan de la cena, conversan sobre sus vidas. Pero en ningún momento Isabella sospecha que está cenando con su jefe, por el contrario, él evita dar demasiada información y se centra en escucharla. Toman vino y sonríen, olvidándose del mundo exterior. Ella quiere disfrutar de la vista y se pone en pie caminando hasta el balcón. Él la sigue y… antes de que ella pueda reaccionar, la besa en los labios. Isabella no se sorprende, simplemente le corresponde. Es como si hubiera estado a la espera de aquel momento. Los dos se miran a los ojos y sonríen.

—Ha sido una noche increíble —anota ella—.

»Todo me ha encantado. El lugar, la comida, el ambiente, tu compañía.

—Sí que lo ha sido.

»Entonces, ¿me perdonas por no haber llegado a tiempo en la primera cita? —hace un gesto de ternura en su rostro.

—No abuses de tu suerte —sonríe con agrado.

En ese instante deciden que es hora de volver, pero comienza a sonar *Just the two of us* de Grover Washington JR. Y como si hubiera estado planeado, ambos se miran con intensidad.

—¿Bailamos? —extiende su mano Fabricio,

—¡Por supuesto! —coloca su mano sobre la de él.

Los dos avanzan hasta el centro de la pista y comienzan a moverse al ritmo de la música. Una y otra canción los retiene un poco más.

Así, durante varios minutos, hasta que llega el momento de retirarse. Ambos demuestran satisfacción por el tiempo compartido. Sin duda alguna, todo ha salido bien.

Es viernes por la noche. Cuando ella llega a casa, su hermana y madre ya están descansando, así que decide tomar una ducha antes de dormir.

Cuando se dispone a descansar, en su móvil observa un correo entrante. Es del hotel, solicitándole empacar un poco de ropa, ya que tiene compromiso laboral el fin de semana, fuera de la ciudad.

10

Descubriendo la verdad

Isabella toma su maleta y sale de casa confiando que todo saldrá bien. Se siente un poco nerviosa, sin embargo, supo que Fabricio también irá. Esto le genera mucha tranquilidad. Él la recoge frente a su casa y juntos se dirigen hasta el muelle.

—¡La pasaremos genial! —dice Fabricio.

—Yo no puedo evitar sentirme nerviosa. Nunca antes estuve en un barco como el que mencionas y no sé si voy a poder hacer bien mi trabajo.

—Claro que podrás.

Fabricio se estaciona y le entrega las llaves de su automóvil a uno de sus colaboradores en el muelle.

—¡Ven, por aquí! —la dirige hasta uno de los tantos yates que se encuentran ahí. Ella se queda pasmada al observar tan lujoso y hermoso barco.

»¿Te gusta? —se dirige a ella como si de una niña pequeña se tratara.

—Es muy bonito.

—¡Sube!

Los dos ingresan al interior y llegan a una parte que parece estar destinada como sala de estar.

—¡Quédate aquí! Ahora vuelvo.

—¿A dónde vas? —la deja inquieta.

—Iré a saludar al capitán y a los demás. Regreso en seguida. Estoy seguro que fuimos los últimos en llegar. Verás que ahora mismo nos ponemos en marcha.

Fabricio sube por unas escaleras y ella toma asiento en un hermoso sofá blanco, toma un cojín azul marino y lo coloca sobre sus piernas. La brisa en su rostro le trae paz y su cabello negro se deja sacudir por el viento.

El agua azul turquesa y la ciudad alejándose distraen a Isabella por unos minutos. Los suficientes para adentrarse en el mar. De pronto, se siente sola y comienza a desesperarse, así que decide ir en busca del resto de pasajeros. Toma el mismo camino de las escaleras y sube, llega hasta una puerta junto a un angosto pasillo. Todo está vacío, pero aun así ella decide ingresar. Observa lo que parece ser una pequeña sala decorada en colores gris, azul y detalles en blanco. Un enorme cuadro de un velero le roba la atención, descubriendo así que le encanta apreciar aquel tipo de obras. Después, avanza hasta llegar al comedor, ahí hay una mesa para cuatro y una bonita lámpara colgando del techo, también una maceta con hojas muy grandes y un pequeño sofá. Al fondo observa la cocina y no puede evitar ir a curiosear. Todos los muebles son color caoba, las paredes blancas y los detalles en delicado rosa. Al final de la pieza mira una pequeña puerta entreabierta, se asoma y ve unas escaleras que conducen hacia la cubierta. Sube sin pensarlo dos veces y llega al área más alta del yate, de ahí solo se puede ver agua a los alrededores. Camina un poco más y aparece frente a Fabricio, quien está sentado con un trago en sus manos. Él la observa y se pone en pie.

—¡Ven, acompáñame!

—¿Por qué siento que no hay más pasajeros aquí?

—¡Claro que los hay! El capitán que conduce está en su puesto de trabajo —acerca el vaso a su boca.

Ella lo mira con inquietud y con enojo.

—Podrías explicarme, ¿qué está sucediendo?

—Parece que fuimos los únicos que abordamos.

—¿Dónde están los demás? —cruza sus brazos.

—Bueno. Creo que el jefe decidió que nos daría vacaciones y nos ha prestado su yate.

—Eso no puede ser posible. Explícame qué está pasando. ¡Por favor!

—Ten calma. Somos tú, yo y el mar como testigo de todo lo que podemos disfrutar a solas.

—Van a despedirnos.

Isabella se desespera y toma asiento frente a Fabricio.

—Verás que no pasa nada, no te van a despedir y no me van a despedir, te lo prometo —toma un trago.

—¿Cómo puedes estar tan seguro?

—¡Disfruta de esto! Vive el ahora.

—¿Estás loco? Yo sigo sin entender lo que está pasando y tú me pides que disfrute. Ahora mismo solo deseo volver a casa —dirige su mirada al horizonte.

—Estoy loco, estoy loco por ti. Igual que lo estás tú por mí.

—Esto ha sido idea tuya, ¿cierto?

»Lo has planeado tú mismo ¿verdad?

Isabella se llena de dudas y exige una explicación.

—Quería pasar tiempo a solas contigo.

—¿Secuestrándome?

— No te he secuestrado.

—¿Cómo le llamas a esto, entonces?

Fabricio se pone de pie y se acerca hasta ella, tan cerca que ambos pueden escuchar la respiración del otro. Isabella lo mira a los ojos y luego baja su mirada hasta los labios, él la besa sin decir nada y ella corresponde por unos segundos y después se aleja, molesta por la manera tan pronta de actuar de él.

—Pensé que deseabas ese beso tanto como yo.

—¡Déjame! No compliques las cosas. Yo no puedo hacer esto y al mismo tiempo pensar que van a despedirme del trabajo.

—No van a despedirte, ya te lo dije.

—¿Y quién eres tú para evitar que me despidan de mi trabajo?

—El dueño... soy el dueño.

Isabella guarda silencio y comienza a reír hilarante.

—¡Sí, claro! Y yo, soy la dueña.

—Si deseas, podrás serlo.

—Deja de jugar conmigo. No necesitas inventar tanto para tener mi atención. Sabes que me gustas mucho, pero no voy a soportar que te burles así de mí.

—No me estoy burlando, te estoy diciendo la verdad.

—Entonces, me has estado mintiendo. Todo este tiempo me mentiste. Yo confié en ti, dejé que te acercaras y no me dijiste nada.

—Me enamoré de ti, desde el primer momento en que te vi. No quería volver a equivocarme en la vida, por eso no te dije nada.

—Pensé que me habías contratado porque te pareció interesante mi hoja de vida. Solamente lo hiciste para tenerme cerca.

—Me pareció interesante, me pareciste excelente.

—No mientas más, no te creo nada. Me has mentido desde el primer momento en que me viste.

Isabella sale corriendo y regresa por el mismo lugar por el que llegó hasta ahí.

11

Al borde de la pasión

FABRICIO SIGUE A ISABELLA y la encuentra sentada en el mismo lugar donde la dejó cuando subieron al yate. Su semblante es serio y lo ignora por completo cuando se acerca hasta ella.

—¡Hablemos!

—¿Qué vas a decirme?, ¿qué esperas que la pasemos bien a base de mentiras y engaños?

—¡Lo siento mucho, Isabella! No imaginé que lo tomarías tan mal.

—Según tú, yo iba a estar feliz al descubrir que me contrataste para seducirme y no para darme la oportunidad que tanto deseaba. Según tú, yo me iba a emocionar cuando subiera a este yate en el que se supone venía a trabajar. Según tú, iba a sentirme estupendamente bien cuando descubriera que eres mi jefe, dueño del lugar donde trabajo. ¿En qué estabas pensando?

—¡Lo lamento!

—Pues no lo lamentes. Déjame sola. No quiero verte.

—Entiendo que estés molesta, pero no te comportes como una niña.

—¿Y cómo sugieres que me comporte?

—Piénsalo un momento. No vale la pena que dejes de disfrutar a mi lado por algo tan insignificante.

—¿Sabes? Creí que mi ascenso era real, que me lo merecía, pero todo fue a tu conveniencia. Me viste la cara de estúpida todo este tiempo.

—Te aseguro que no fue así. Cuando te tomes tiempo para escucharme, entenderás por qué las cosas pasaron como pasaron.

—Necesito estar sola. Quiero estar sola. ¡Vete!

Él atiende y se retira. Isabella se queda pensativa y comienza a llorar desilusionada, no le parece justo haber confiado ciegamente en Fabricio y que este le haya mentido tantas veces. Se queda reflexionando mientras el barco sigue avanzando. Luego, se pone de pie y observa a su alrededor. Todo es hermoso: el cielo azul, el agua turquesa, las nubes que parecen trozos de algodón, la brisa con sabor a sal y hasta la paz que siente en su interior.

Lejos de César, de la ciudad, de la cocina. Piensa en su mamá y en Antonella, al menos por esa parte se siente tranquila. Además, contrató a una enfermera para que ayude a su hermana mientras ella regresa.

Después de un largo momento, quizá una hora o tal vez un poco más, lo piensa mejor y decide darle la oportunidad de hablar a Fabricio. Vuelve a subir, está segura de que lo encontrará en el mismo sitio, así que avanza.

Cuando se asoma, observa que tiene una copa con vino en sus manos y una botella vacía muy cerca de él, también hay otra botella a la mitad, sobre la mesa.

—¿Puedo tomar un poco?

Fabricio sirve una copa en silencio y se la extiende. Segundos después, le dirige la palabra.

—¡Toma asiento!

Isabella se acomoda y saborea lo que hay en su copa.

—¿Por qué me dejaste sola?

—Tú me lo pediste.

—Hablo de la primera vez, cuando llegamos.

—Si te enterabas de mi engaño ibas a querer que volviéramos a tierra y lo que yo más deseo es estar contigo. No imaginé que te enfadarías tanto.

—Me hubieras dicho la verdad.

—Tuve mucho miedo de que me rechazaras por mi estatus social o que me quisieras únicamente por interés.

—¿Cómo puedes estar seguro de que no lo haré ahora que sé todo?

—Ya tuve la oportunidad de conocerte y sé que eres una mujer maravillosa y una chef excepcional.

—Yo nunca me fijaría en ti por lo que tienes, sino por lo que vales.

—Me ha quedado claro. Ahora, me gustaría que me perdones y que comencemos de nuevo.

—Lo voy a intentar, pero no te prometo nada.

»Recuerda que ya lo hice cuando fallaste la primera cita. Esta, sería la segunda ocasión.

—¿Qué tal si vas a la habitación?, y te vistes adecuadamente para que tomemos el sol.

—No traje ropa apropiada. Yo venía a trabajar, no de vacaciones.

—Tienes razón. Lo supuse. Así que me tomé el atrevimiento de comprarte lo necesario, solo espero acertar en las tallas.

—Tenías todo muy bien planeado.

—¡Vamos!

»En la habitación dejé las bolsas con cosas que seguro necesitarás.

Fabricio toma a Isabella de la mano y la conduce al interior.

—Ni creas que ya se me pasó el enojo. No soy una mujer fácil de convencer.

—Al menos ya no me ignoras.

Ambos ingresan a la recámara. Él se acomoda en una silla cerca a la cama y ella se queda en silencio.

—Puedes ver las cosas y probártelas si quieres.

Ella coloca todas las prendas sobre la cama y descubre que hay trajes de baño y vestidos muy hermosos.

—¿Puedo elegir lo que quiera?

—Es todo tuyo, ponte lo que desees.

—¿Puedes salir un momento de la habitación mientras me cambio?

—¡Claro! Te espero afuera.

Isabella toma un traje de baño de dos piezas en color amarillo y elige un vestido de tela ligera en color blanco.

Camina descalza hasta afuera y Fabricio no puede ocultar cuán sorprendido está.

—Eres un monumento hecho mujer.

Ella se sonroja y no sabe qué decir.

—¡Te ves hermosa!

—¡Gracias! —camina hasta él.

—Sube. Iré a la cocina por gaseosa y ahora te alcanzo.

Isabella camina hasta la pequeña terraza y se acomoda boca abajo en uno de los dos sofás cama que hay junto al pequeño *jacuzzi*. Minutos después, llega Fabricio con una bandeja repleta de bocadillos y gaseosas. La observa con cuidado y aprecia su cuerpo perfecto. Le encantaría hacerla suya ahí mismo, pero no es así como desea tenerla. Se siente desconcertado porque nunca antes se había detenido a seducir a una mujer en el instante que quisiera, excepto cuando de verdad se enamoró.

Isabella nota la presencia de él y se sienta de golpe. No es que le da vergüenza, sino que se siente inquieta y no sabe cómo actuar. Toma una toalla y cubre parte de su cuerpo, pero segundos después la deja en su sitio.

—¡Me pones nerviosa!

—Quédate tranquila, no pasa nada.

—¿Podrías aplicarme bloqueador en la espalda?

—¡Claro!

Fabricio respira profundamente y también se pone nervioso. Acariciar la piel de Isabella es algo que ha querido hacer desde un principio, desde el instante en que la miró por primera vez. Coloca un poco de crema en las palmas de sus manos y se acerca hasta ella, para después frotar suavemente sus hombros. Con delicadeza recorre su espalda y comienza a bajar hasta que finalmente llega a la cintura. Se permite disfrutar el contacto con la suave piel de ella. Quiere acercarse mucho más y embriagarse con su aroma, pero se comporta como todo un caballero y no lo hace, simplemente continúa frotando.

—¡Así está bien! Puedes parar —le pide al notar que no se detiene.

—¿Estás segura?

—¡Claro! —responde excitada, pero con un poco de miedo.

Isabella sabe que la mezcla de emociones que ha sentido mientras él acariciaba su cintura no es normal y ha sentido vergüenza de lo que prosigue. Piensa que no es correcto que una mujer como ella tenga esos locos deseos de ser poseída por su jefe en ese mismo instante. Se pone inquieta y eso es como un detonante que le permite a Fabricio darse cuenta de que ella quiere lo mismo que él.

12

En cuerpo y alma

Fabricio se acerca hasta Isabella, toma asiento junto a ella y no le permite escapar. Acaricia un mechón de su cabello y mientras lo coloca detrás de su oreja la besa en los labios. Ella responde del mismo modo, quedándose estática e intentando no temblar demasiado.

Él, decide dar el siguiente paso. Continúa besándola en la comisura de la boca y baja lentamente hasta llegar a su cuello, donde hace una pausa para oler su piel y al suspirar. Isabella siente que ya no hay vuelta atrás, ya que su cuerpo ha comenzado a prepararse. El deseo y la atracción se apoderan de ella, así que se deja llevar por el momento.

Las manos de él acarician su espalda, bajan a la cintura y siguen hasta terminar en las caderas. Todo con cuidado y delicadeza. Ella siente un miedo provocador. Teme por lo que va a pensar él. Enseguida piensa, «¡Al carajo todo! Lo que importa ahora es disfrutar del momento y ser feliz. Lo deseo y puedo tenerlo». Borra sus pensamientos y besa a Fabricio apasionadamente hasta que se da cuenta de que él está listo para hacerla suya. Se siente libre, deseada, hermosa y sexi. Suelta los tirantes de su top de baño antes de que él lo haga y deja al descubierto sus senos. Fabricio se impresiona con la firmeza y el tamaño moderado de los mismos y no lo piensa dos veces, los toma entre sus manos y succiona con delicadeza, luego da pequeños mordiscos que hacen que Isabella emita un gemido de placer.

Los minutos apasionados avanzan hasta que ambos terminan empapados en sudor. Se olvidan de todo. Solo importan ellos dos, en medio del océano azul, bajo la tarde que comienza a caer, junto al viento que pasa de prisa como testigo de aquel derroche de pasión que acaba de acontecer.

Fabricio se siente triunfante y piensa que ha logrado su objetivo. No obstante, muy en el fondo, sabe que lo que acaba de suceder le ha gustado mucho más que en otras ocasiones y lo volverá a repetir. Se ha dado cuenta de que Isabella no es mujer para un momento. Pero él sigue pensando en una deliciosa aventura solamente, sin imaginar que apenas inicia una gran historia.

Isabella sabe que después de todo se ha entregado por amor; no era simple deseo. Muy dentro de ella, en su interior hay sentimientos que aún no se atreve a revelar, pues aquel caballero ya ha conquistado su corazón.

La noche llega y todo alrededor se vuelve oscuro. Isabella siente miedo, pero el mar en calma y el viento salado la invitan a estar tranquila. Fabricio va por otra botella de vino y más bocadillos. Se acomodan uno junto al otro y conversan sobre cosas comunes y casuales. Parecen adolescentes que no tienen ni idea cómo reaccionar a lo que pasó antes. Ella siente vergüenza, él parece desconcertado, ¿Cómo es posible que precisamente él, no sepa que más hacer?

En otros tiempos y con otra mujer posiblemente ya hubiese repetido lo que tanto le gustó. Sin embargo, ahora actúa diferente.

De pronto, sin que él se lo espere, Isabella interrumpe.

—¿Qué somos?

Fabricio se queda en silencio por unos segundos y al mismo tiempo respira profundamente.

—¡Nada! No somos nada.

Dentro de ella, algo se quiebra y no entiende por qué Sabe que lo sucedido es un instante de placer y nada más.

—Perdona, soy una tonta.

—No pasa nada —la toma en sus brazos.

Isabella deja salir una lágrima de tristeza y decepción, pero la limpia antes de que él pueda descubrir que se ha puesto sentimental.

Por un momento ambos se quedan dormidos. Uno junto al otro, como si lo fueran todo, pero sin ser nada.

Más tarde, ella se despierta y para desprenderse del temor que le tiene a la negra noche, camina por el yate de un lado a otro, observando todo a su alrededor. Llega hasta una hamaca que más parece una enorme red apropiada para tomar un merecido descanso. Se ve tan cómoda que con todos sus miedos no duda en tenderse boca arriba para apreciar las estrellas. La tristeza la inunda, ella solo quería disfrutar, pero se siente extraña, cómo si algo le faltara.

Fabricio abre los ojos y se da cuenta de que Isabella no está junto a él. La busca por todos los rincones pensando lo peor y se desespera… hasta que finalmente la encuentra, serena y hermosa como la estrellada noche. Se acomoda junto a ella, con cautela.

—Pensé... que había sido un sueño.

—¿Qué cosa?

—Hacerte mía.

Isabella guarda silencio y se acomoda en su hombro, llena de nostalgia. De pronto, ambos miran al cielo y justo en ese momento observan una estrella fugaz.

—¡Mira! —ella señala con el dedo.

—¡Pide un deseo!

—¡Ya lo he hecho!

—Yo no creo en esas cosas —aclara mientras la abriga con una colcha que traía.

Ella no dice nada, aunque está claro que mató las ilusiones sobre aquel deseo que pidió antes. Se quedan dormidos hasta el amanecer.

A lo lejos se escucha el cántico de los pajarillos y los ligeros rayos de sol comienzan a incomodar. Ambos despiertan y sonríen al mirarse. Se ponen de pie y observan una pequeña isla muy cerca.

—¿Quieres que bajemos?

—No soy nadie para decidir, pero me gustaría.

El capitán rodea la isla, hasta que finalmente encuentra el muelle y se dirigen hacia ahí.

El agua clara y las piedras de colores hipnotizan a Isabella, quien sumerge un poco sus pies descalzos para sentir la frescura de las suaves olas que vienen y van.

—¡Ven, vamos a desayunar!

—¡Está bien! —sus ojos brillan de emoción.

Después de unos cuantos, pasos encuentran un restaurante precioso.

—¿Entramos ahí? —ella toma la iniciativa.

—¡Claro! Si tú quieres.

Toman asiento, uno frente al otro. Piden algo de beber mientras les llevan el menú.

Fabricio piensa en lo que harán durante el resto del día mientras llega la hora de volver. Aunque intenta pensar en otra cosa, únicamente se le ocurre hacer suya a aquella hermosa mujer, lo que resta del viaje. Isabella sencillamente disfruta del paisaje y de su jugo de frutos rojos, sin imaginar las ideas turbias que se cruzan por la cabeza de su acompañante. Ella juega con la cereza que adorna el vaso, lamiendo con cuidado las gotas que resbalan, provocando a Fabricio, quien se acerca para besarla en los labios.

13
INFIDELIDAD

ISABELLA Y FABRICIO TERMINAN DE DESAYUNAR y regresan a la orilla del mar. Caminan por un largo rato, hasta que se sienten acalorados y deciden volver al yate.

—Necesito darme un baño —está sofocada.

—Claro, yo también.

Isabella sube hasta la habitación y busca ropa para vestirse antes de entrar en la ducha. Después, camina hasta el cuarto de baño y se desnuda para relajarse bajo el agua. Cuando termina y sale, trae puesto un vestido de los pocos que empacó en su maleta. La toalla que trae enrollada en su cabello se le desprende y al agacharse para recogerla lo hace de manera provocativa. Fabricio la observa con atención, haciendo un enorme esfuerzo para resistirse a sus encantos.

—Debes quitarte ese vestido y usar lo que te he comprado —ordena.

—¡A ver! ¡Quítamelo tú! Si es que te atreves —responde con mucha sensualidad en sus palabras.

Fabricio toma en serio la petición y camina de prisa hasta quedar frente a ella. La toma por la cintura y la besa apasionadamente. Después hala con fuerza ambos lados del vestido para abrir todos los broches de una sola vez. Parece que ha elegido aquella prenda intencionalmente.

Isabella siente como si una hoguera la quemara por dentro. Lo mira con ternura y lo besa con deseo. Él deja caer el vestido y observa el cuerpo femenino perfectamente esculpido cubierto únicamente por lencería de encaje en color negro.

—Este color te va muy bien —la halaga.

Antes de que responda la vuelve a besar. Ella se deja llevar. En lugar de resistirse, se muestra cooperadora con todo lo que le hace.

Él la toma entre sus brazos y la lleva hasta la cama. Se desviste y retira el resto de prendas del cuerpo de Isabella mientras la acaricia. Los dos vuelven a unirse íntimamente, olvidándose del resto del mundo y conectando uno con el otro. Entre besos, caricias y más, llegan a ese instante de gloria en el que a ambos se les olvida que no son nada.

—¡Es maravilloso hacerte mía! —expresa agitado.

—¡Es maravilloso ser tuya! —susurra al oído.

Ambos se levantan para tomar un baño. Se divierten con el agua fresca mientras se hacen bromas. No tardan mucho en salir para vestirse. Bajan a la cocina y preparan almuerzo. Luego, mientras comen, Fabricio le entrega a Isabella un cheque por cierta cantidad de dinero.

—¿Qué es? —se ve nerviosa.

—Tu pago —responde él.

—¿Mi pago?

—Viniste a trabajar. No te irás sin una remuneración.

—¿Qué te has creído? Mejor dicho, ¿qué has pensado que soy?

—No pienso nada.

—Estas pagándome por haberme acostado contigo.

—Te mentí. Es justo que te haga este pago.

—¡Cállate! —rompe el cheque sin fijarse en la cifra.

Abandona la mesa sin terminar su comida y camina hacia afuera. Aunque intenta controlarse le es imposible no llorar. Se siente tonta, se siente utilizada y no sabe qué hacer. Le gustaría volver por su cuenta, pero no es posible.

—No creo que sea para tanto —dice él, detrás de ella.

Isabella se gira, mucho más molesta que antes y lo mira fijamente, mientras seca sus ojos.

—Seguro estás acostumbrado a hacer esto. Por esa razón piensas que no es para tanto. En cambio, yo no me considero una santa, pero tampoco soy una mujerzuela que acostumbra a irse de paseo con su jefe para terminar teniendo sexo con él.

—Yo... no sé qué decir —su rostro refleja vergüenza.

—No digas nada. De mi parte, creo que cometí el peor error de mi vida y no quiero volver a tener nada que ver contigo. Por ahora, llévame de regreso a la ciudad.

Fabricio da media vuelta sin decir más y la deja sola.

Pocas horas más tarde, están llegando al muelle. En cuanto el yate es anclado, Isabella se baja apresurada.

—¡Espera! Yo te llevo.

—Voy sola.

Él se da cuenta de que se ha cambiado la ropa y que lleva puesto uno de los vestidos que ella llevó. Ha dejado todo lo que le compró.

«Es una mujer complicada», piensa.

Angustiado por lo que sucedió, se dirige hasta su casa. Antes de que pueda entrar en su habitación, su hermana lo detiene.

—¡Mamá te espera! Otra vez está muy triste.

—¿Dónde está?

—En su habitación, acaba de salir de la ducha.

—Perfecto. Iré a verla enseguida —se dirige al dormitorio de su madre.

Fabricio sabe que después de tantos años, aún hay cosas que duelen en el fondo de su alma, pero ahora le duele haberse comportado como un patán.

—Madre, ¿qué tienes?

Mientras sostiene un trago de whisky, ella lo mira en silencio y después desvía su mirada.

—Tú, no tomas. ¿Qué pasa? Sabes que puedes contarme lo que desees.

—¿Sabías que tú padre tiene otra mujer y otros hijos?

—¿Cómo lo supiste?

—Entonces, ¿lo sabías?

—No, madre. No lo sabía.

»Quiero que me digas cómo lo supiste. Quizá no sea real. A lo mejor son solo malos comentarios.

—No lo son. Ya lo he investigado y lleva mucho tiempo engañándome, burlándose de nosotros, de su esposa y de sus hijos —recalca con rabia.

—¿Ya hablaste con él?

—A tu padre, no quiero volver a verlo ni en pintura.

—Pero, mamá. No puedes dar por terminado todo, si ni siquiera conoces sus razones —intenta calmarla.

—¿Qué razones? ¿Las razones por las que me engañó?

»¿Sabes qué sucede? Sucede, hijo mío, que ustedes los hombres son así. No hay razones para cometer un acto de infidelidad. Nos culpan sí, pero son excusas sin fundamentos. Las mujeres no deberíamos cargar sobre nuestra espalda con la perfección del hogar. Se nos exige de un modo agotador algo que corresponde a dos. Son infieles porque quieren. No les importa que nosotras nos muramos de tristeza al darnos cuenta que no fuimos suficiente. ¿Sabes por qué? —se corta su voz y comienza a llorar.

—¿Por qué, madre?

—Porque no se puede morir de amor. Según un hombre, las lágrimas femeninas son solo drama.

Fabricio se acerca y la abraza. Lo que su madre le ha dicho le llega hasta el corazón y piensa en Isabella. No es posible hacerla sufrir a ella del mismo modo que ahora sufre su madre.

14

Renunciando al amor

ISABELLA ENTRA POR LA PUERTA PRINCIPAL y al otro lado se encuentra con su hermana.

—Isa, al fin has vuelto.

—Pero, si me fui ayer. No es como que me haya marchado por un mes o así —responde divertida.

—No, pero nos has hecho falta a mamá y a mí.

—¿Y cómo está ella? ¿Cómo está mamá?

—Muy bien. Ahora mismo duerme. Le dolía la cabeza y decidió ir a descansar un momento.

»A ti, ¿cómo te fue? ¿Te van a pagar mucho dinero extra por trabajar más horas?

Isabella guarda silencio y su mirada se inunda de tristeza debido a las preguntas de su hermana.

—¿Qué ha pasado?

—Todo ha sido un engaño, no fui a trabajar —coloca sus cosas en el sofá.

—Espera. Serviré café y me cuentas mientras mamá despierta.

—Me parece bien. Déjame voy a la habitación y ya regreso. No me gustaría que el café se enfríe, sabes que me gusta lo más caliente que mi paladar tolere.

Abre la puerta de su habitación y se pone de pie junto al espejo.

—Isabella, ¿qué hiciste? —se cuestiona a sí misma—. Te has acostado con tu jefe.

—¡¿Cómo?! —grita Antonella desde la puerta.

—¡Cállate! Despertarás a mamá.

—¿Tuviste sexo con tu jefe? —se dibuja una sonrisa pícara en los labios.

—¡Sí! —con tono de voz culposo.

—¡No puede ser! Al menos dime que es un joven guapo y atractivo, no un señor de esos con muchas arrugas y años encima.

—No es un viejo y está muy guapo. Pero es mi jefe y no debo enamorarme.

—Te conozco Isa. Sé perfectamente que no te acostarías con alguien a quien no quieres.

—¿Tú crees?

—¡Rayos! Te has enamorado del dueño del hotel para el que trabajas sin siquiera darte cuenta.

—Escucha. Es mamá, ha despertado. ¡Vamos!

—Salvada por la campana —murmura—. Pero no creas que terminó la conversación.

Las dos salen y se reúnen con su mamá, misma que está contenta por ver a su hija de regreso en casa.

—¿Cómo te sientes?

—¡Mucho mejor! Ahora que has vuelto. Creo que estaba un poco cansada. Es todo —se dirige a la mesa.

—El café está listo —indica Antonella desde el fondo de la cocina.

—¿Pasa algo hija? Te noto extraña.

—No, mamá ¿Cómo crees? No pasa nada.

—¿Segura? Mira que conozco bien a mis pequeñas.

—Te lo prometo.

Isabella pretende dejar tranquila a su madre, pero en lugar de olvidar lo que sucedió, comienza a recordar cada instante junto a Fabricio y se pierde de la realidad.

De pronto, aparecen unas manos acariciándola y unos labios besando cada centímetro de su piel. Sentada en su lugar se estremece y los deseos por volver a verlo se vuelven incontrolables. Aunque sabe bien que no debería repetirse aquello que vivieron unas pocas horas atrás. Lo único que necesita es volver a verlo y sentirse suya, tan suya como nunca antes otro la hizo sentir. Sin darse cuenta, Fabricio no solo le hizo el amor, le reparó el corazón y no solo le quitó la ropa, le desnudó el alma.

—Isabella... hija.

—Isa.

Ella parece no escuchar. De repente, siente cómo la obligan a regresar al presente.

—¿Estás bien? —su hermana está inquieta.

—Claro, claro, ¡perfectamente!

»Solo estaba pensando en asuntos del trabajo. Por ahora quiero descansar un poco.

Ya en su habitación, vuelve a recordar el agrio momento con que finalizó todo y decide poner la renuncia. Sabe perfectamente que eso implica comenzar de cero, pero es necesario. Tiene que hacerlo, porque se ha dado cuenta de que está enamorada y no se va a dejar utilizar fácilmente. Cae la noche y se le hace eterna pensando en el día siguiente, en como verá a Fabricio sin sentir desprecio hacia él. Sobre todo, en cómo va a tomar la noticia de su renuncia.

Al día siguiente se despierta muy temprano y sale de casa, va directo a las oficinas de "Marina Hoteles" y busca a Sarita.

—¿Está todo bien? —está anonadada.

—Vengo a poner la renuncia.

Fabricio escucha y entra sin pedir permiso.

—Sarita, déjanos un momento a solas. ¡Por favor!

—Por supuesto joven —cierra la puerta cuando sale.

Isabella se queda pasmada por unos segundos, pero enseguida se repone.

—¿Estás vigilándome?

—No comprendo.

—¿Qué haces aquí?

—Aquí trabajo —su tono es frío.

—¿Cómo supiste que estoy aquí? En esta oficina.

—No lo sabía, iba pasando y escuché por casualidad la locura que piensas hacer.

—No es una locura. Ya lo he decidido.

—No puedes renunciar. Necesitas el trabajo.

—¿Acaso solo aquí puedo tener empleo?

Fabricio se acerca hasta ella rápidamente y la toma de la cintura.

—Eres una grosera.

—Y tú, un atrevido. ¡Aléjate! —intenta separarse.

Fabricio la acerca hasta él y la besa en los labios. Isabella se suelta rápidamente y le deja ir una bofetada en su mejilla izquierda. Después, abre la puerta para salir y en ese momento aparece Sarita.

—Sarita. A la joven no se le aceptará la renuncia. Es ella la mejor chef que hemos tenido hasta el momento.

Él sonríe descaradamente e Isabella lo observa con rabia desde la entrada. Guarda silencio.

—Hemos negociado un aumento, así que se queda.

Ella arde de coraje y antes de decir nada, se marcha, busca el baño y se encierra. No logra contener las lágrimas y comienza a llorar.

—¿Estás bien? —Alison acaba de entrar.

—¡Sí! ¿Qué haces aquí?

—Vine por unas cosas. Anda, vamos. Tienes que estar bien. En cocina te necesitamos.

—Claro. En unos minutos voy para allá.

Isabella seca sus lágrimas y sale. Por un instante olvida lo que ha pasado y decide seguir adelante sin pensar en su jefe. Ya buscará la manera de no relacionarse con él.

15

BUSCANDO EL PERDÓN

Dos semanas después, Isabella sigue cumpliendo con sus obligaciones laborales, evitando encontrarse con su jefe. Aunque es casi imposible, trata de mantener la calma durante las pocas veces que le ha tocado estar muy cerca de él. Sin embargo, como necesitaba a alguien de su lado le comentó a Alison todo lo que sucedió. Ella supo entenderla a la perfección y en lugar de juzgarla le ha ayudado en todo lo posible. Desde entonces se volvieron muy cercanas y hasta salieron a cenar para distraerse de la rutina.

—Oye. Una vez más, Fabricio ha pedido reportes de cocina y necesito que me cubras.

—Bueno. Yo voy sin ningún problema. Pero ambas sabemos que no es a mí a quien quiere ver.

—Mira, amiga. Si él quiere hablar conmigo buscará la manera. Programar reuniones estúpidas, no es la solución.

—Yo creo que el jefe al fin encontró a alguien que lo ponga en su lugar —sonríe Alison.

—No lo sé. Pero no quiero hablar con él. Lo que me hizo no tiene perdón.

—Yo sigo sin entender cómo no te diste cuenta de que es el jefe —busca una bolsa con almendras que necesitan para el postre que está en proceso.

—Y, ¿cómo iba a saberlo si no se presentó como tal? A mí, me pareció un colaborador más. En ningún momento se me cruzó por la cabeza que fuera uno de los dueños de todo esto.

—Tienes razón. Él siempre se comporta como uno más. Ha sido así desde que yo recuerdo —hace ademanes con su cabeza.

—¿Lo ves? No me culpes. Aunque a veces pienso que todo fue muy obvio.

—Bueno. Entonces, deja de evitarlo y hablen.

—Es que no tenemos nada de qué hablar. Entiende. Él es mi jefe, es nuestro jefe.

—¿Y qué tiene?

—¿Cómo así? ¿No comprendes que nada puede existir entre nosotros?

—Y, ¿por qué no? ¿Acaso es casado?

—No. Pero somos de mundos diferentes.

—¡A la mierda con eso!

»Estamos todos en un mismo mundo y ese tipo de etiquetas no debería existir.

»¿Qué te hace menos que él? ¿El dinero? Por favor, amiga. Eso es anticuado y a nadie debería importarle.

—A la sociedad, le importa.

La puerta se abre y Fabricio entra, rompiendo la burbuja filosófica que se ha formado alrededor de ambas.

—Isabella, ¿podemos hablar?

—No tenemos nada de qué hablar. Todo está muy claro entre los dos —no voltea para mirarlo.

—Es una orden.

—¿Qué pasa si no cumplo con la orden? —más seria.

—Deberás atenerte a las consecuencias.

—Pues, que se vea —sigue en lo suyo.

—Eres una muchachita caprichosa —la toma del brazo.

Alison, siente que está de más. Sale de inmediato y ellos dos quedan solos.

—¡Suéltame! Me lastimas —se victimiza.

—¿No se te olvida que soy el jefe y que puedo hacer lo que se me venga en gana, o sí?

—¿Me vas a despedir? —cuestiona furiosa.

—Es lo que más deseo.

—Pues, hazlo. Me harías un enorme favor.

—No lo haré. Ese será tu castigo. Trabajar para mí hasta que yo lo decida —termina y se retira.

Isabella se queda pensativa, intentando descifrar en qué momento se metió en tremendo lío.

—Otra vez, has evitado hablar con él —menciona Alison desde la puerta.

—Cállate y ven a ayudarme. Esto está casi listo —señala el pan que pronto llevarán al horno.

—Evita el tema, muchachita caprichosa.

—No es que no desee hablar con él. Aún duele la forma que utilizó para conquistarme.

—Eres una tonta. Ambos se han enamorado y estás perdiendo lo más valioso que tenemos, el tiempo.

—Sí, pero también pienso en lo que dirá la gente si Fabricio y yo llegamos a tener una relación formal.

—Que piensen lo que quieran. Tú, concéntrate en ser feliz.

—Lo intentaré.

Las horas pasan de prisa. Al fin llega el chef que la sustituye en cambio de turno.

Mientras conduce, piensa en lo que le dijo su amiga y comprende que quizá tenga un poco de razón.

«Le daré la oportunidad. Al menos de hablar», piensa.

En seguida suena la canción *Rolling in the deep* de Adele y comienza a tararear cada palabra siguiendo el ritmo. Reconoce que el inglés no es lo suyo, pero al menos lo intenta. Poco después llega a casa y al entrar se encuentra con una bonita caja decorada de manera especial, sobre ella hay un globo plateado con letras negras que dicen ¡Perdón!

—César sigue sin entender que no quiero saber más de él —tal situación la molesta.

—¿Y si no es de César? —sugiere su hermana.

—¿Y quién más podría enviar esto? —cuestiona señalando la caja.

—No lo sé. Tú dime —sonríe.

—¡Fabricio! —murmura un poco sorprendida.

—¿Qué has dicho?

—Fabricio, mi jefe.

—Entonces, ábrelo.

—No, claro que no. Yo no quiero nada de él —se retira en busca de su madre.

Cuando regresa, su hermana le repite que abra lo que le han enviado. Después de negarse en reiteradas ocasiones, accede. Toma el listón rojo y hala, dejando caer las tapas hacía los lados, para encontrarse con algo realmente espectacular.

—¡Es un detalle muy lindo y especial!

»Hermana, son tus favoritos. Y están todos.

—Sí. Están preciosos —está anonadada por aquel gran obsequio.

—¡Anda! Lee la tarjeta.

"Recibe este regalo como muestra de mi arrepentimiento por todo lo que hice mal, hasta hoy".

—Entonces, ¿si es de tu jefe?

—Claro, no hay duda. Fabricio me envió estos libros.

Vuelve a cerrar la caja y la deja sobre la mesa central de la sala. Después, va hasta su habitación y se tiende boca arriba sobre su cama, intentando reflexionar sobre lo que está sucediendo con Fabricio.

16

Obsesión y deseo

Isabella llega muy temprano a su trabajo y lo primero que hace es buscar a su amiga.

—Fuiste tú, ¿cierto? —reacciona un poco molesta.

—Si te refieres a tus libros favoritos. Esos que dijiste que te gusta leer mucho. Pues sí, sí fui yo quien se lo dijo.

—Eres una traidora.

—No lo veas de ese modo, solo quería ayudarte.

»¿Te ha gustado la sorpresa?

—Claro que me ha gustado. Son todos los libros de Federico Moccia. Hay novelas que aún no leo, pero eso no significa que voy a aceptarlos.

—Eres una tonta.

—Ya veo que no estás de mi lado, sino en mi contra.

—Estoy a favor de tus sentimientos.

»Es más, debes llevar los reportes a gerencia. Date prisa. ¡Ah! No te preocupes que yo me encargo de todo aquí.

—¿No me vas a ayudar?

—No. Hoy no. Él y tú tienen mucho de qué hablar.

—Está bien. Hablaré con él.

Ella regresa para guardar la gabacha y enseguida sale al estacionamiento.

—¡Yo te llevo! —dice Fabricio cuando la ve a punto de subir al automóvil.

Ella lo observa con seriedad.

—¡Qué oportuno!

—Pura casualidad.

—A conveniencia tuya.

—¡Qué suerte! ¿No? —se acerca hasta ella.

—Yo prefiero ir por mi cuenta. Así, no se me dificulta el regreso.

—Y, ¿por qué tendría que dificultársete el regreso?

—No lo sé. Es solo una manera de decir.

—Anda. Sube a mi automóvil. Te traeré de regreso en cuanto la reunión termine.

—Está bien. iré contigo.

Los dos suben al vehículo y este inicia la marcha. Pero pronto Isabella se entera que no van camino a las oficinas.

—¡Ya deja de jugar y volvamos!

—Es que la reunión será en otro lugar.

—Estás haciendo las mismas tonterías del inicio.

Fabricio detiene el automóvil a un lado de la carretera.

—Solo quiero que estemos a solas y que conversemos.

—Sí, claro —con tono sarcástico.

—Si tu no quieres, podemos volver y lo dejamos para otro día. Lo que tengo claro es que no te llevaré en contra de tu voluntad.

—Entonces, ¿no se trata de trabajo?

—No. Esto se trata de ambos. De lo que está pasando entre nosotros.

—No está pasando nada. No hay un nosotros —sonríe mientras habla.

—Entonces, sigamos adelante y lo confirmamos allá —intenta coquetearle con una sonrisa provocativa.

Isabella sabe que no puede resistirse ante aquella sonrisa, mucho menos ante aquella mirada.

—Perfecto. ¡Vamos!

Fabricio vuelve conduce de nuevo y avanzan por unos treinta minutos. Hasta que finalmente entran en una residencia muy bien acondicionada y que parece habitada.

—¿Esta es tu casa? ¿Me has traído a tu casa?

—Y te llevaré hasta mi habitación —responde, mirándola de pies a cabeza.

—No. ¿Qué te pasa?

—Tranquila. No es mi casa. No exactamente donde vivo, aunque sí es de mi propiedad.

Isabella se queda un poco más tranquila y decide bajar del automóvil.

—¡Bienvenido, señor! —saluda un hombre con cabellos color plata—. Tenía mucho que no venía por acá.

—Estoy de vuelta, querido Rufino.

»Por favor, dile a Manuela que prepare algo para comer.

—¡En seguida!

—¡Entremos, Isabella! —la toma de la mano para conducirla al interior de la casa.

Ella se queda observando todo a su alrededor, olvidándose de la acción de Fabricio.

—¡Es hermosa! —exclama con alegría.

—Pero, no más que tú.

Isabella sonríe y entonces se da cuenta de que ya no está tan molesta como pensó que lo estaba.

Los dos caminan hasta el estudio. Después de una larga conversación, Fabricio deja al descubierto lo que siente por ella.

—No te imaginas las ganas que tengo de hacerte mía en este preciso momento.

—Lo siento. No hemos venido a eso —ella siente vergüenza porque sabe que se muere de ganas porque Fabricio la haga suya.

—Mírame a los ojos y repite eso.

—Lo lamento. Yo no quiero que hablemos del tema —lo mira fríamente.

—Tu cuerpo no está de acuerdo con lo que dices —guiña y se acerca hasta ella.

—¿Cómo lo sabes?

—Estás temblando, estás inquieta y muerdes tus labios sin darte cuenta.

—Por favor. No seas iluso —le dio la espalda para alejarse.

Fabricio la persigue y la toma por la cintura. Nota cómo Isabella se estremece y se detiene unos segundos. Después la besa en la comisura de los labios y suspira. Ella se agita y cierra los ojos, permitiéndole avanzar. Él acaricia su cabello y lo huele inhalando profundo para embriagarse con el aroma, coloca las manos sobre el cuello y cuando intenta besarla en los labios, ella lo detiene de golpe.

—No. Estás equivocado. No podrás tenerme cada vez que se te plazca —cruza los brazos.

—¡Te deseo, Isabella! —suplica.

—¡Lo siento! Yo no quiero lo mismo que tú.

—Quiero estar contigo. Quiero hacerte mía, ahora mismo —la mira con ternura.

—Lo mejor será que me marche —sale del estudio.

—Lo lamento —sale detrás de ella—.

»¡Mírame! ¡Por favor!

—Escucha lo que te diré. ¡Aléjate de mí! Tu obsesión está llegando demasiado lejos.

—Está bien. Lo haré porque me lo pides y no quiero causarte más daño. Pero te aseguro que no es obsesión.

—Ahora, por favor, llévame de regreso al trabajo.

—Primero almuerza conmigo y luego nos vamos.

—Perfecto —accede y camina hasta la sala.

Fabricio se sienta frente a ella y le ofrece un poco de vino, pero ella lo rechaza.

—Debo volver al trabajo y no me parece correcto.

—Tienes razón.

En seguida, aparece Manuela y les indica que la mesa está servida. Isabella se impresiona con cada detalle que observa. Es todo muy fino y delicado. La combinación de colores agrega armonía al lugar. Una lámpara tipo araña cuelga sobre la mesa, robándose toda la atención, pero después aprecia el mueble de madera con acabados únicos que contiene copas y botellas de licor. El color de las paredes. La planta junto a la ventana, tan bien cuidada que parece artificial. Las cortinas recogidas, permiten apreciar el jardín. Afuera, llueve. Así que se relaja unos segundos mientras aprecia las gotas caer. Todo es perfecto ante sus ojos.

17

Entre el pasado y el presente

Fabricio ha cumplido con lo que dijo. No volvió a buscar a Isabella. Y ella, también se ha mantenido al margen. Todo contacto y comunicación es simplemente por cuestiones laborales. Llevan varias semanas así y todo parece fluir. Hasta que ella se entera de la presencia de otra mujer en la vida de él.

—Alison, ¿tú sabes quién es ella? —pregunta Isabella fijando su mirada en aquella chica.

—No lo tengo claro, pero el jefe y ella iban a casarse. Se llama Sabrina —sin más, se retira.

Isabella siente como algo en ella. Se enciende y los observa de lejos. Fabricio y Sabrina platican amenamente y hasta sonríen de vez en cuando. Parecen llevarse muy bien, la química entre ellos se siente por todo el ambiente.

—Isabella. Puedes mandar las mejoras del menú a mi correo. Ya no me queda tiempo para que lo veamos ahora mismo —recibe instrucción por parte de Fabricio, mientras camina junto a Sabrina.

—¡Claro! —se siente reemplazada por aquella bella mujer de ojos azules.

—Tienes una mirada llena de celos. Se te nota.

—Yo opino que estás loca, amiga.

—Entonces, vamos a olvidarnos del tema —ambas salen de la oficina para reincorporarse en sus labores.

«Celosa yo», piensa mientras camina junto a su amiga.

Llega a casa y sigue pensando en Fabricio y Sabrina. Nunca imaginó que lo vería junto a otra mujer y comprende que no solo está celosa, sino molesta, también.

—He sido una tonta y ahora él está saliendo con otra —murmura entre dientes.

—¿Quién, hija? —su madre se encuentra junto a ella.

—Nada, mamá. Olvídalo.

—¿Cómo crees? Me interesa escucharte.

—Estoy muy confundida. Ahora mismo, no sé qué quiero. Pensé que no sentía nada por él. Hoy lo vi junto a otra mujer y me dio coraje.

—¿Y qué crees que siente él por ti, cariño?

—No lo sé, mamá. Es todo muy extraño. La última vez le pedí que no me busque más.

—Si es un caballero, él no te buscará. Y si deseas intentarlo, tendrás que buscarlo tú a él.

—Sí. Creo que sí.

La noche se torna larga. Piensa una y otra vez en Fabricio, en lo que han vivido juntos… y en Sabrina. También, piensa en lo que ella siente por él. Descubre que sí está enamorada, que fue una cobarde al intentar alejarse simplemente por evitar sentir lo que ahora está segura que siente. No obstante, es demasiado tarde. No va a interponerse entre Fabricio, Sabrina y lo que sea que tengan.

Al día siguiente, siente la necesidad de ver a su jefe y va directo a su oficina. Lo que mira a continuación la deja helada por la sorpresa. Le queda claro lo que antes era solo una duda. Sabrina está sentada en el escritorio de Fabricio e intenta seducirlo. Él se lo permite. Isabella no necesita entrar para observar lo que está sucediendo. Lo hace desde la puerta entreabierta.

—Isabella. Tú por aquí. ¡Qué sorpresa! —aparece Sarita y Fabricio escucha.

—Yo, solo venía a entregar estos documentos.

—¡Isabella! —se asoma Fabricio por la puerta.

—¡Tranquilo! Me he dado cuenta de que estás ocupado. Regreso luego —se marcha sin esperar más.

Mientras avanza lentamente en el pesado tráfico de la ciudad, no puede evitar pensar en lo que miró y siente como si una llama de fuego la quemara por dentro. Lo que siente en realidad, es mucho enojo.

—Tan tontas que somos las mujeres, pensando que ellos siempre van a estar solamente para nosotras —se lamenta, hablando sola.

Una vez que se baja del automóvil, se dirige hasta la cocina y se encuentra con Fabricio, quien la está esperando.

—¿Cómo has podido llegar antes que yo?

—Quizá conozco rutas que tú ni siquiera sabes que existen —sonríe sarcásticamente.

—Bueno. Y, ¿qué haces aquí?

—Vine a explicarte que yo... —guarda silencio un instante—. No tengo nada con Sabrina.

—Si tienes o no tienes algo con ella, ¿qué te hace pensar que a mí me importa? —intenta dejarle claro que no siente nada por él.

—Tu actitud.

—¿Qué hay en ella?

—Te pones celosa —sonríe con picardía.

Isabella ríe hilarante y lo observa a los ojos, intentando disimular su rabia.

—Estás loco. Yo no siento celos de lo que tú hagas con cualquier mujer. Entiende que no me interesas.

—Justo ahora, tus labios suplican por un beso de mi boca —la observa y le guiña.

—¡Vete! ¡Déjame trabajar!

—¡Después! —se acerca hasta ella.

Isabella se estremece y se queda quieta. Él la besa dulcemente, al mismo tiempo que la toma por la cintura para evitar que se escape.

—Necesito que pasemos juntos el fin de semana —le indica y la vuelve a besar.

Ella se inquieta al sentir la necesidad de estar lejos de allí, a solas con él. Por lo que, afirma con la cabeza, sin siquiera pensarlo.

—¡Está bien! —ahora es ella quien lo besa.

Alison entra, interrumpiendo lo que está pasando.

—Yo... este. No sabía. Lo siento —tartamudea.

—Tranquila. Estoy a punto de irme —contesta Fabricio y luego sale.

Isabella se queda pasmada por unos segundos, intentando reaccionar a lo que acaba de suceder.

—Me pidió que pase el fin de semana con él.

—¿Y?

—Dije que sí.

—Has hecho bien. Mereces ser feliz. Me alegro por ti.

Ambas terminan la conversación y retoman sus quehaceres sin volver a hablar del tema en el resto del día. Isabella, por su parte, intenta distraerse lo más que pueda, ya que apenas es jueves y el reloj parece ponerse en pausa.

18

De paseo

Es viernes, pero para Isabella parece un simple lunes. Tener que esperar hasta el fin de semana se le vuelve tedioso y estresante.

—Amaneció tensa la jefa, hoy —Alison nota algo.

—Cállate y ponte a trabajar —dibuja una sonrisa ligera en su rostro, dejando ver qué no lo dice molesta.

La manera de trabajar de Isabella se ha vuelto torpe y poco común. Ha dejado más salados algunos platillos, les falta azúcar a varios postres, las verduras se notan perfectamente cortadas, pero la cocción no está en su punto.

—Ha habido muchos reclamos en el restaurante el día de hoy —menciona Alison.

—Lo sé. He sido una tonta. Muero por volver a casa y que el día termine tan pronto como sea posible.

—Si deseas, vete. Yo me haré cargo.

—No. Claro que no. ¿Cómo crees? Además, en casa se me hará más extenso el tiempo —analiza con cordura.

—Oye. Al final, ¿qué sucedió con César?

—Hace mucho que ya no me lo encuentro. Creo que al final pudo entender que ya no quiero nada con él.

—Me alegra mucho, ese hombre estaba loco —sonríe.

—No entiendo cómo cambió tanto. Teníamos una relación muy hermosa. Al principio, me parecía el hombre perfecto. Hasta pensé que iba a ser mi esposo y el padre de mis hijos.

—Pues, al menos te diste cuenta de la clase de persona que era, antes de cometer tremenda locura.

—Tienes razón.

De pronto, entre plática y plática el reloj avanza de prisa sin que Isabella note que va cayendo la tarde y que es hora de volver a casa. Incluso, le lleva más tiempo de lo acostumbrado dejar todo listo antes de marcharse, por lo que apresurada va acomodando la cocina para no dejar desastre. Hasta que termina y sale hacia su automóvil.

Ya afuera del estacionamiento, descubre en el horizonte un bello atardecer que llama su atención. Sin distraerse demasiado, aprecia los hermosos tonos que pintan las nubes lejanas.

Cuando llega a casa descubre que su hermana está un poco enferma.

—¿Te sientes bien? —nota que no deja de vomitar.

—Sí. Creo que la comida no fue de mi agrado. Solamente eso.

—Estás más delgada y no lo había notado, ¿o es solo idea mía?

—Ideas tuyas. Ya quisiera bajar un poco de peso.

—Anda. Ve a tu cama. Voy a preparar algo delicioso para que comas.

—No. Yo no tengo hambre. Hoy no cenaré —se queja al imaginar la comida que aún no está preparada.

—Bueno. Pero ve a descansar.

Pasa a saludar a su madre.

Llega la noche y presta mucha atención a su hermana. Si continúa enferma no podrá salir de paseo al día siguiente. Por suerte, no vuelve a vomitar y tampoco presenta más signos de alarma. Así que descansa tranquila.

Cuando amanece su hermana parece recuperada del todo, así que decide no posponer el viaje.

—Isa, ¿vas a salir?

—Es la idea. pero si aún sigues mal, no voy.

—¡Ve! Yo estoy bien. Quizá fue algo de la comida de ayer que me hizo daño.

—¿Estás segura? —se acerca y la abraza.

—¡Completamente!

—En ese caso, se me hace tarde —susurra y se retira.

Termina de preparar sus cosas mientras piensa en Fabricio y en todo lo que está a punto de suceder. No será solo un paseo, sino más bien unos días intensos y apasionados. Se sonroja y sonríe.

«Será un fin de semana inolvidable», piensa.

Y junto a ese pensamiento, toma la iniciativa de guardar entre su ropa un sexi atuendo que nunca antes usó.

Solo de imaginar la sorpresa que se llevará Fabricio, siente cómo se humedece y sonríe con picardía. Una vez que está lista, guarda la maleta en su automóvil y regresa para despedirse de su madre y su hermana.

—Yo creo que estás trabajando demasiado —se queja su mamá.

—¿Cómo crees? Si ni trabajo. Estoy haciendo algo que me apasiona hacer.

—Pero descansas muy poco y eso le hace daño a tu cuerpo, hija mía.

—Verás que pronto me tomo unas merecidas vacaciones y me quedaré aquí en casa contigo, mamá.

Su madre nunca va aceptar que esté saliendo con su jefe. Es una persona con altos principios morales. Cualquier actitud fuera de lo común, le parece demasiado.

Más tarde se encuentra con Fabricio en la oficina y se dirigen a su destino.

—Estaba loco por verte.

Isabella sonríe incrédula sin dejar de sentirse tonta.

—También yo.

—¿Sucede algo?

—Nada. Es solo que me vine pensando en mamá porque su salud se desgasta con el paso de los días —miente, puesto que en realidad sus pensamientos eran otros.

—Pronto estará mejor. Ya verás.

—¡Por supuesto! —se acomoda para observar el paisaje del otro lado de la ventana.

Minutos más tarde, rompe el silencio.

—¿A dónde iremos hoy? —está muy curiosa.

—Espera a que lleguemos. Todavía no puedo decirte —explica sin apartar la vista de la carretera.

Ella sonríe maliciosa, como si de una sorpresa se tratara. Recuerda aquellos días, cuando era una niña y en Navidad siempre encontraba obsequios bajo el árbol, para ella y su hermana. Se emocionaba mucho con los regalos envueltos de manera especial.

—¿En qué piensas, Isabella?

—En el pasado.

—Acaso tu pasado, ¿es triste y desagradable?

—Tal vez sí. Pero siempre habrá una persona con un pasado más doloroso y desgarrador que el mío.

—Tienes razón —suspira hondamente—.

»Cada pasado, es una historia agridulce que al recordarlo a unos les sabe mejor que a otros.

Fabricio habla con mucha melancolía e Isabella lo nota. Sin embargo, antes de indagar, guarda silencio porque siente que es lo mejor.

19

¡Ahora, soy tuya!

EL VIAJE TERMINA CUANDO APARECEN frente a un edificio muy parecido a un hotel.

—¿Qué es este lugar?

—¿Qué crees que es? —responde con otra pregunta.

—Un hotel, quizá.

—Así es.

—¿Entonces pasaremos el fin de semana en un hotel? —se incomoda al imaginar todo lo que puede suceder entre ellos.

—¿No te gusta la idea? —ella sonríe y guarda silencio. »Vamos —le toma de la mano para guiarla al interior.

—¡Bienvenidos! —saluda alguien en la entrada—. ¿Puedo ayudar con las maletas?

—¡Claro! Sería perfecto —responde Fabricio y le entrega las llaves del automóvil.

—¡Sigan adelante! —indica una hermosa joven—. Solo haré el registro.

—Hice reservación —menciona Fabricio.

—Sí, señor. Lo estamos esperando a usted y a su esposa —anota sin mirarlo.

Fabricio observa a Isabella y le sonríe con ternura. Ella sonríe sorprendida y lo cuestiona con una mueca.

—¿Mi esposa? Sí, por supuesto.

Isabella no sabe qué decir así que guarda silencio. Él vuelve a tomar su mano y la conduce hasta la habitación.

—¿Y cuál es el plan? —resta importancia a las palabras de la recepcionista—. ¿Estaremos encerrados en esta habitación todo el fin de semana?

—¡Claro que no! Hemos venido para que te pongas un traje de baño y vayamos a la playa.

—¡Perfecto! —comienza a desnudarse.

—¡No, por favor! No seas tan grosera —suplica al observarla con cuidado.

—¿Acaso no puedes resistirte? —mirándolo a los ojos deja caer su sostén al piso.

Él se acerca hasta ella apasionadamente y muerde con cuidado uno de sus pezones… después el otro. Ambos se hacen notar aún más y Fabricio enloquece.

—¡Para! O voy a necesitar que me hagas tuya en este preciso momento —reconoce que es un punto erógeno.

—¡Anda! ¡Pídemelo! —la besa en los labios, en las mejillas y en el cuello.

—No te detengas. Por favor —deja escapar un suspiro que casi se convierte en gemido.

—Sé que me deseas como yo te deseo a ti —susurra en su oído.

Isabella siente un torbellino de emociones en el interior de su vientre. En lugar de hablar, comienza a desabrochar la camisa de él.

—¡Hazme tuya! ¡Ahora!

Él la desnuda por completo y la observa atentamente por un momento.

—¡Eres perfecta!

Ella siente el inmenso deseo de ser poseída, ya.

—¡Bésame, acaríciame! Hazme lo que quieras. Pero por favor, no te detengas —intenta mantener la calma.

Él acaricia cada centímetro de su piel, mientras besa lo que sus manos van tocando. Con cada beso y con cada caricia, ella se sumerge en las llamas de la pasión.

—Es delicioso tener sexo contigo —musita.

—No es solo sexo. Estoy haciéndote el amor —comenta y la besa en los labios mientras la hace suya.

Ambos guardan silencio para dedicarse a disfrutar de lo que sus cuerpos están sintiendo. Isabella cierra los ojos y se deja llevar por el placer, hasta que siente esas ansias incontrolables de explotar por completo.

—¡Ahora, soy tuya! —susurra.

—Y me encanta que así sea —dice él dejándose caer junto a ella para descansar.

Se abrazan y se cubren con las sábanas blancas, en silencio. Sin darse cuenta, se quedan dormidos por un par de horas.

Isabella despierta asustada, producto de una pesadilla un poco extraña y da un ligero sobresalto en la cama.

—¿Qué pasa? —la observa, un tanto confundido—. ¡Tranquila! —logra comprender que estaba soñando, por lo que se acerca para abrazarla.

—Solo tuve una pesadilla —se deja envolver en los brazos masculinos.

—¡Es hora de merendar! —señala la charola que está sobre la mesa.

—¡Qué bonito detalle! —aprecia las frutas recién cortadas en forma de corazones junto a las rosas rojas—. No me di cuenta que saliste de la habitación.

—Estabas profundamente dormida. Además, no me tardé, solamente llamé para pedir y hace unos minutos fui a recoger esto —señala la merienda.

Ella camina completamente desnuda hasta la mesa. Se siente hambrienta y no es para menos. Hay variedad de frutas y otras cosas. Toma una cereza y sujeta la mitad entre sus labios. Se dirige a Fabricio y coloca la otra parte en la boca de él, compartiendo la cereza al tiempo que se besan.

—¿No te vestirás?

—¿Te incomoda?

—Terminarás siendo mi merienda. Es solo eso.

Ella sonríe y toma una toalla para envolverse.

—¡Ven, acompáñame!

Fabricio se acomoda junto a ella y la observa alucinado, llevándose un trozo de sandía hasta la boca.

—¿Pasa algo? —se ve avergonzada al sentirse demasiado intimidada.

—¡Eres hermosa!

Ella sonríe y sigue comiendo. Más tarde entran en la ducha y toman un baño. Es la primera vez que comparten la tina y lo disfrutan acariciándose bajo los efectos de la espuma y del agua tibia que moja sus cuerpos. El cabello mojado se pega en los hombros de Isabella y Fabricio lo acomoda a un lado para besarla. Él, nota cómo con tan solo colocar sus labios sobre su piel, ella se estremece sin poder controlarse.

—Ahora mismo, ya no tengo fuerzas —aclara, al notar que él no se detiene.

—Tranquila. No va a pasar si tú no quieres —deja de acariciarla—.

»¿Te parece si vamos a la playa?

—Me encantaría ver el atardecer y caminar en la arena —expresa con emoción.

—Entonces, ¡date prisa! Que ya va a comenzar.

Se alistan y salen de la habitación con cierta emoción.

Mientras caminan juntos, mojando sus pies con las olas que vienen y van provocando un sonido relajante, disfrutan del sol naranja que poco a poco va creando la ilusión de estar flotando sobre las aguas de aquel cálido mar.

—Quiero estar contigo, por siempre. Lo digo muy en serio —confiesa Fabricio.

—Eres mi jefe. Yo no sé si voy a poder.

—¿Acaso existe alguna regla mundial que nos impida estar juntos? —la mira a los ojos.

—No. Pero piensa en tu familia y en la mía. Creo que ellos no lo permitirían.

—No importa la familia. A mí, me importas tú —la acaricia tiernamente con su pulgar en la mejilla y ella se apoya en su mano.

—Tengo miedo de todo lo que nos toque enfrentar —se lamenta suspirando.

—Pensé que eras valiente, cariño.

—Y lo soy, cuando estoy contigo. Pero sin ti, no sé si voy a poder.

—Señor... —interrumpe un joven que se acerca con prudencia hasta ellos.

—Dime —responde Fabricio.

—Afuera hay alguien que dice que es urgente que hable con el dueño, con usted.

—¿Eres el dueño de este hotel? —ella reacciona muy sorprendida, no se molesta, pero vuelve a decepcionarse, comprende que hay muchas cosas que Fabricio aún no se atreve a confiarle.

Piensa en lo que acaba de escuchar. Es imposible no hacerlo. Se siente diminuta cuando se encuentra junto a él. Económicamente tiene la vida resuelta y ella ha tenido que empeñar el alma para sobrevivir junto a su familia.

—Ve a la habitación y en seguida te alcanzo. Veré de qué se trata esta situación.

Isabella camina descalza, buscando el sendero que la lleve hasta su destino mientras piensa en lo que acaba de escuchar.

20

Recuerdos dolorosos

ISABELLA ESPERA SENTADA SOBRE LA CAMA, con sus piernas cruzadas intentando comprender lo que escuchó afuera. La puerta se abre y Fabricio entra.

—¡He vuelto!

Ella lo mira impresionada antes de hablar.

—¿Entonces eres el dueño de todo esto? —gira su dedo índice para señalar a su alrededor.

—¿Te sorprende? —toma asiento junto a ella.

—Ya no sé qué más me puede sorprender —se muestra decepcionada y se pone de pie para alejarse de él.

—No entiendo que hay de malo en ser el dueño de este hotel.

—Pues, que lo tienes todo y no comprendo por qué también quieres tenerme a mí. A mí, que soy tan poca cosa comparada con la mujer que puedes llegar a conquistar.

—Entonces, para ti el dinero lo soluciona todo, ¿no? ¿Isabella? —sube de tono su voz.

—¿Acaso no debería ser así?

—Que fácil parece. Qué fácil lo dices.

»Estás muy equivocada si crees que el dinero lo soluciona todo. Tú no tienes idea de cuánto desearía que el dinero solucione, así como tú piensas que podría ser.

—Yo... —queda pasmada y no sabe qué decir.

—No hables. No digas más.

»Yo sé que no sabes lo que has dicho y mucho menos tienes idea de lo que me ha tocado vivir para tener todo esto que se supone que tengo.

—No. No tengo idea, pero supongo...

—No supongas nada, no.

»Ya quisiera haber podido revivir a mi hermano con el dinero que tengo, porque según tú es muy fácil solucionarlo.

—¡Lo lamento! —nota que Fabricio está emocionalmente fuera de control.

Se mantiene calmada por momento prolongado, intentando descifrar cómo debe comportarse para hacer sentir mejor a su pareja. De pronto, Fabricio pasa a una situación que la sorprende demasiado. No imaginó que lo vería con lágrimas en los ojos, por lo que decide acercarse para abrazarlo y, él accede, se arroja sobre sus brazos como un niño pequeño, dejando escapar un suspiro, que más parece un triste lamento.

—Él era muy joven, todavía tenía mucha vida por delante —sus palabras salen con mucho esfuerzo.

—No hables ahora. ¡Ven, vamos a sentarnos! Y entonces hablamos —lo sostiene de la mano y lo conduce hasta el sofá junto a la cama—.

»Bebe un poco, te hará bien —le da un vaso con agua.

Él la mira y guarda silencio por un instante.

—Necesito contarte lo que pasó.

—Estoy aquí. Necesito escucharte, deseo que hables y que me cuentes —dice con ternura.

Isabella toma asiento frente a él y lo observa a los ojos. Aquellos ojos verdes que siempre la han cautivado parecen desesperados, están tristes y vidriosos. Reflejan angustia, mucha melancolía y hasta un tanto de temor. No puede creer que un hombre como aquel, al que ella ama, guarde en su interior una pena que lo mata en silencio. No está dispuesta a dejarlo agonizar solo y así, con el dolor como su única compañía. Es preciso escucharlo para poder salvarlo del abismo del que muchos no son rescatados.

—Mauricio, era mi hermano gemelo. Nos llevábamos tan bien que no logro entender cómo fue que no pude salvarlo —se lleva las manos a la cabeza.

—Hay cosas inevitables. Quizá no estaba en tu destino poder ayudarlo.

—No. No comprendes. El destino de mi hermano no era morir, pero nosotros no hicimos nada para impedirlo.

Él cuenta todo con desesperación, como si estuviera viviendo ese instante, como si las cosas estuvieran pasando justo en ese momento.

—Bueno. Cuéntame lo que pasó.

»Para comprenderte, antes debo escucharte —intenta tranquilizarlo para que continúe con la historia.

—Fue hace unos años atrás, parecía feliz, ¿sabes? Sin embargo, no lo era. Se la pasaba fumando todo el tiempo y de vez en cuando consumía alcohol en exceso, hasta emborracharse. Eso debió ser como un aviso para nosotros, pero mis padres siempre pensaron que eran cosas de adolescentes.

»Además de eso, yo estoy seguro de que hizo uso de drogas en varias ocasiones. Ellos dijeron que eran puras calumnias mías, que yo le tenía envidia porque era el hijo modelo. Sí, él era el hijo perfecto, con buenas calificaciones todo el tiempo, grandes ideas de negocios y muchas otras cosas que lo hacían parecer envidiable. Nadie creyó lo que yo intentaba advertir.

—Los padres suelen fallar. Sin saber que lo están haciendo —lo reconforta.

—En aquel momento mis papás estaban muy dedicados a los negocios. Se la pasaban de viaje, en reuniones importantes, iban a cenas sociales y a eventos de beneficencia.

»¿Puedes creer? Ellos intentaban ayudar a otros, pero era mi hermano la persona que más necesitaba ayuda —su voz se colma de remordimiento.

Fabricio se pone en pie y busca una botella de tequila para servirse un trago. Mientras tanto, Isabella lo mira y se lamenta en silencio por pensar que aquel hombre tiene una familia y una vida perfectas.

—Mi hermano sufrió un accidente en su automóvil, pero no estaba drogado, ni borracho. Yo siempre pensé que no fue un accidente. Para mí, él provocó su propia muerte.

Solo de pensarlo me siento miserable, ya que esa noche nuestros planes eran diferentes.

»Habíamos acordado ir a pasear a la playa, a caminar solamente. Creo que él quería hablar con alguien, necesitaba contar algo que lo estaba matando por dentro. Llevaba un par de semanas desesperado. Quién sabe por qué y me pidió compañía para aquella tarde. Yo acepté. Sin embargo, me retrasé tomando unos tragos con un cliente muy frecuente del hotel y no pude responder sus llamadas. No envié mensaje, no le pedí que me esperara y él se fue sin mí.

»Media hora más tarde, llamaron a mamá para darle la noticia del accidente. Corrimos al hospital, pero justo cuando llegamos él había muerto. Fue doloroso para todos. Para mamá lo sigue siendo. Yo pienso que nunca voy a poder perdonarme por no haberlo acompañado.

»Si tan solo...

—¡Para! ¡Para, por favor! —se conmociona con lo que Fabricio le ha contado.

Ella se pone de pie y lo abraza para hacerlo sentir un poco reconfortado. Sabe muy bien que al contarle aquella triste historia ha abierto una herida muy grande que lo sigue matando en vida.

21

El beso de una sorpresa

Fabricio se siente confortado con el abrazo de Isabella. Es como si ella le frotara el alma con un ungüento lleno de paz y de calma. Quizá el simple hecho de contar una experiencia que nunca antes había compartido con alguien lo liberó de una carga pesada de la que era necesario tomarse un descanso.

—No he vivido algo así antes. Pero te aseguro que no tienes la culpa de nada. Hay cosas que se escapan de nuestras manos porque ya están escritas. El destino es así: contradictorio, a veces nos hace sentir culpables para librarse de sus propios errores.

Ella transmite palabras llenas de sabiduría, aunque del destino no sepa nada. Él, tan solo la observa con ojos empapados en lágrimas, mostrando el hombre noble y sensible que hay detrás de ese empresario obstinado que suele representar.

—Yo, no sé si un día voy a poder superar tan grande pérdida. Hasta hoy, no ha sido nada fácil.

—Vas a poder. Verás que sí. Deja que el tiempo cure tus heridas y disuelva los recuerdos.

—Ya ha pasado el tiempo suficiente y siento que la muerte de Mauricio fue ayer, incluso hoy sigo sintiendo lo mismo que sentí cuando lo perdí hace siete años.

—Eso debe ser porque insistes en culparte de algo que no te corresponde —lo observa tiernamente.

—No puedo evitar sentirme culpable, cuando sé cómo pasó todo —rompe en sollozos.

—Ella no te apoyó lo suficiente, ¿cierto?

»Tu novia. Me refiero a la que tenías en aquel momento.

—¿Sabrina? Más que mi novia, era mi prometida. Me abandonó cuando más la necesitaba. Yo me sentía completamente enamorado de ella y estaba seguro de querer pasar el resto de mi vida juntos. Sin embargo, no soportó ni un segundo ver cómo me derrumbaba ante la pérdida de mi hermano. Ella solo se alejó sin hacer el menor ruido y sin pensarlo dos veces. Entonces entendí que no me amaba como yo a ella.

—Es triste que te dejara así. Peor que ahora regrese queriendo perjudicarte mucho más.

—Sé que mi cercanía con ella te ha mantenido un poco tensa, en cambio...

—¿Qué dices? Para nada —interrumpe de inmediato.

—¿Estás segura? Me parece que he notado tus celos.

—Celosa, ¿yo?

»No debería. Ni siquiera sé que somos.

—¿Tú y yo?

—Pues sí... —queda pensativa—. Somos solamente un hombre y una mujer que se han dejado llevar por la pasión y nada más.

—Ambos queremos algo más. Al menos, yo he descubierto que quiero tenerte junto a mí, de otra manera.

—¿Cómo de otra manera? Explícate mejor.

—No es un buen momento. Quiero que sea diferente.

—¿Lo ves? Eso pasa cuando no sabes qué somos.

—Ahora sé lo que somos y también sé lo que quiero que seamos. Estoy aquí, dejándote conocer una parte de mi vida, que jamás le conté a otra mujer.

»¿Te parece poco?

—¡Claro que no! Pero tengo miedo.

—No lo tengas. Confía en el tiempo.

—¡Lo haré! Mira hay luna llena —la aprecia desde la ventana—. Se ve hermosa sobre el mar. ¿Bajamos?

—Claro. Vamos y, cuando estemos de regreso quiero hacerte mía... hasta que amanezca.

—No me provoques. Mira que me olvidaré de la luna —avanza hasta la puerta.

Todo en la playa es perfecto: el viento fresco, las olas silenciosas, la arena húmeda, el agua clara, las palmeras quietas y la noche negra que se ilumina con la luz de la luna. Caminan tomados de la mano sin decir ni una sola palabra. Él siente cómo se va liberando poco a poco del dolor y va llenándose de calma. Ella se deja llevar y sus pensamientos van en blanco, para conectarse con todo lo que la rodea.

Sin decir nada, se paran uno frente al otro. Se besan con ternura y con amor, dejando claro lo que sienten.

—¡Me encantas y quiero que seas solo mía! —susurra, ella sonríe sin decir nada—.

»¡Volvamos! Que tengo muchas ganas de quitarte la ropa.

—Y yo, tengo ganas de dejarme desnudar.

Vuelven a la habitación. Tras cerrar la puerta se dejan envolver por aquella nube de pasión que los persigue desde que coincidieron. No demoran en deshacerse de las prendas que cubren sus cuerpos. Esa noche, Isabella es quien domina el terreno y antes de dejarse poseer es ella quien toma el control, recorriendo el cuerpo masculino con besos y caricias.

—¡Qué delicia! —suspira él.

Ella se humedece aún más, al descubrir que él disfruta lo que le está haciendo. Sintiéndose lista, se posiciona encima para comenzar suaves movimientos en forma circular que poco a poco van tomando intensidad. Luego los sustituye por ligeras embestidas de arriba hacia abajo. Así sucesivamente, hasta que se entregan uno al otro como solo ellos saben hacerlo, sintiendo deseos enormes de explotar apasionadamente. Isabella desliza sus uñas con cuidado para no lastimar la espalda de Fabricio. Él queda fascinado al observar cómo ella disfruta ser la que lidera el momento y también se deja llevar, depositando en ella todas sus energías. Isabella se acomoda sobre el pecho masculino y lo abraza, él la envuelve con sus brazos y sin pensarlo le habla.

—¡Te amo! —confiesa, pero se sorprende de lo que acaba de decir.

Ella se sorprende todavía más. No esperaba escucharlo decir aquello nunca. Sin embargo, sabe que también lo ama y aunque no lo dice, lo siente.

Amanece. Es hora de volver. El trabajo los espera. Aunque están de acuerdo en que no quieren regresar, es necesario. Después de todo, la han pasado muy bien. Al fin, sienten que encajan como dos únicas piezas de un viejo rompecabezas.

—Quiero que estés a mi lado siempre.

—Quizá sea posible. Aunque aún no sé si mamá lo vaya a entender —acota ella.

—¿Por qué no?

—No lo sé. Es solamente un pequeño presentimiento. No creo que logre comprender que tengo una relación con mi jefe y que en realidad no salgo a trabajar los fines de semana, sino que me escapo con él para complacerlo en la intimidad.

—Ya no hables así. No me gusta cómo se escucha.

—¡Es la realidad!

—¡No lo será más!

La besa en la frente como signo de una promesa que indica que todo entre ellos será distinto.

22

Un beso sospechoso

Isabella baja del automóvil de Fabricio, inquieta al pensar que su madre pudo verla llegar acompañada de un hombre. Entra a su casa y se da cuenta de que tanto su hermana como su mamá aún duermen. Le parece extraño, pero intenta no hacer mayor ruido. Va hasta su habitación y se alista para ir a trabajar. Después, prepara algo rápido y delicioso para el desayuno. No ha terminado cuando aparece Antonella.

—¿Sigues enferma? —nota ojeras y piel pálida en ella.

—No. Es solo que, no dormí lo suficiente.

—¿Pasó algo con mamá?

—Tranquila, fue solo insomnio —se acomoda en una silla del comedor.

—Ve a llamar a mamá para que desayunemos. Por favor. Ya voy a servir —ordena.

—¡Está bien! Ahora vuelvo.

Mientras Antonella va por su madre, Isabella recuerda cada detalle de ese fin de semana y sonríe.

—¡Estás muy feliz, hija! —su madre sonríe.

—Estoy feliz de tenerte a ti y a mi hermana. Estoy feliz de tenerlas.

—Hay algo más. Estoy segura.

—Mamá. ¿Cómo crees?

—Eres mi hija. Te conozco.

—Bueno. Es un gran día. Solo eso.

—¿Qué tal el trabajo de fin de semana? —cuestiona sin mayor interés.

Isabella se espanta, como si de pequeña su madre la hubiese descubierto en una travesura.

—¡Bien! Todo bien.

»¿Quieres café o jugo? —evade el tema.

—Café.

—Tú, ¿Anto?

—Yo no tengo apetito.

—Pero, ¿cómo así? Después de una noche de desvelo, nada mejor que un buen desayuno. Y mira que lo he hecho con mucho amor. Incluso, preparé los panqueques de banano que tanto te gustan.

—Intentaré comer uno. Por lo menos.

—¡Así me gusta! —refleja un triunfo en su rostro.

Inmediatamente después de haber desayunado muy poco, Antonella se levanta de la mesa y va hasta su habitación. Isabella y su madre continúan comiendo hasta que escuchan algo extraño y corren para ver qué sucede.

—¿Qué pasa? —Isabella encuentra a su hermana muy pálida tirada en el suelo.

—¡Hija! ¡Hija! —Blanca se angustia.

Ambas la auxilian, colocando alcohol cerca de su nariz para hacerla reaccionar y se dan cuenta de que otra vez vomitó. Isabella decide llamar a Alison.

—Amiga. Seré breve. No podré llegar durante la mañana. Mi hermana está muy mal y la llevaré al doctor.

—¡No te preocupes! Yo te cubro. Igual tu jefe no creo que tenga inconveniente, no después del fin de semana tan candente que seguramente tuvieron —sonríe indiscreta.

Isabella no se resiste y también sonríe al recordar ciertas escenas específicas que con gusto repetiría.

—¡Cállate, mujer! —cuelga.

Con un poco de dificultad cambian la ropa de Antonella, ya que se encuentra demasiado débil para hacerlo por cuenta propia. La llevan al hospital. Luego de varios exámenes, determinan que tiene anemia y que su peso está por debajo de lo normal. La internan para tenerla en observación. Mientras Blanca la acompaña, Isabella decide que será mejor presentarse a su lugar de trabajo.

Por la mañana, Fabricio fue directo a su oficina después de dejar a Isabella en su casa.

—¡Buen día, joven! —lo saludó su secretaria—. En su oficina lo esperan —agregó.

Sorprendido, avanzó sin imaginar de quién se trataba. Al entrar, encontró a Sabrina sentada en su silla.

—¿Qué haces aquí?

—De visita. ¿Acaso no te gustó la sorpresa? —se acomoda su blusa y deja un poco descubierto su busto.

—¿Qué necesitas?

—¡A ti! —se puso en pie delante de él.

—Tengo muchas cosas por hacer —intenta sacarla de su oficina, pero ella lo tomó del cuello y besó la comisura de sus labios—.

»¿Qué haces? —intenta alejarse.

—Recuerdo viejos tiempos. Cuando tú y yo la pasábamos fenomenal.

—Eso es cosa del pasado. Necesito que salgas de mi oficina. Tengo mucho por hacer. No estoy para bromas.

—Eres un grosero.

»¿Qué te pasa? ¿Acaso ya olvidaste todo lo que te hacía sentir? —persiste tenazmente.

Se acercó hasta él una vez más y lo besó en el cuello. Fabricio se quedó inmóvil y por un momento la dejó actuar, pero enseguida se alejó.

—Sabrina. ¿Qué es lo que quieres? —se da cuenta de que ella no para de intentar seducirlo.

—¡Te deseo! Te deseo demasiado. Quiero estar contigo. Quiero que me hagas tuya, ahora.

Ella se movió hacia la puerta y colocó el seguro. Luego, volvió y se acomodó en el sofá junto al escritorio. Separó las piernas provocativamente, para captar total atención de Fabricio.

—Será mejor que te vayas.

Se puso de pie nuevamente y avanzó hasta él, desabrochando su blusa para después tomar las manos de él y colocarlas en sus senos.

Él llegó a su límite y se retiró unos centímetros.

—¡Estás loca! —la observó seriamente y después salió de su oficina, dejándola con la palabra en la boca.

—¡Te vas a arrepentir!, te lo prometo —salió.

Alison la encontró en el pasillo con la blusa medio desarreglada y el labial regado alrededor de sus labios.

«Los hombres no cambian nunca», murmuró. «Pobre de mi amiga», pensó.

Por la tarde, Isabella llega a la oficina de Fabricio y lo primero que nota es el labial en el cuello de su camisa blanca. Aunque siente mucha rabia y decepción, no le dice nada. Lo deja pasar por alto sin evitar sentirse engañada y pronto se retira.

—Alison. ¡Soy una tonta!

—¿Por qué? —ya se imagina por dónde va el tema.

—Este fin de semana, Fabricio me prometió el cielo y las estrellas. Y yo, le creí absurdamente cada palabra que salió de esa boca que tanto amo besar y justamente hoy, resulta que vengo de su oficina y tenía puesta la misma camisa con la que salió por la mañana.

—¿Qué hay de raro en eso? Seguro no fue a su casa, sino directo a la oficina.

—No me estás comprendiendo. Tenía una mancha de labial a un lado.

—Bueno, amiga. ¡Abre los ojos!

»Cuando yo llegué, vi a Sabrina saliendo de su oficina con la blusa medio abierta.

»No te dejes influenciar por mi comentario, pero habla con él y pregúntale qué es lo que desea contigo.

—Tú me dijiste que me diera una oportunidad. Ahora, ¿comprendes la razón por la cual no deseaba abrirle mi corazón?

—Ya estabas enamorada de él cuando tuvimos esa charla. Además, lo único que te estoy comentando es lo que vi. Pueda ser que lo que miré tampoco sea para tanto.

Isabella queda pensativa y no puede evitar sentir muchos celos y decepción al creerse engañada y utilizada por el hombre del que se ha enamorado.

23

Venganza por despecho

Sabrina llega furiosa a su casa, por lo que sucedió con Fabricio. Estaba segura de que lograría ponerlo a sus pies como solía hacerlo en el pasado. No imaginó que un día dejaría de amarla y mucho menos que se resistiría a sus encantos femeninos.

—¡Lo odio! —grita en su habitación, desesperada por haberse quedado con el deseo de ser poseída íntimamente.

Al darse cuenta de que él está saliendo con Isabella, la desesperación la apoderó y se le complicó comprender que no iba a ser la única por el resto de los días en la vida de aquel hombre que tanto la amó. Ella estaba segura de que sí, que habían pasado los años y él no había tomado a nadie en serio, por ella. Se confió en aquella ilusión.

—Esto no se va a quedar así —murmura caminando de un lado a otro, molesta por sentirse rechazada.

—¿Te pasa algo? —indaga su hermana.

—Fui a buscarlo y, ¿qué crees?

—A ver, cuéntame.

—Ese imbécil se dio el lujo de rechazarme.

—Te lo dije. Ese hombre está enamorado de esa tipa con la que sale.

—Ella no es nadie, es una simple chef. ¿Cómo puede negarse a estar conmigo por estar con ella?

—Sabrina. Tú estás casada, ¿lo recuerdas?

—Sí. Pero no amo a mi esposo.

»Tú, más que nadie, lo sabes.

—Él iba a casarse contigo y tú lo dejaste sin darle explicaciones, unos días antes de la boda.

—No quería ser parte de esa familia de locos. ¿Cómo fue posible que la muerte de uno de ellos los tumbara?

—Bueno. No te lamentes. Tienes lo que querías.

—Lo quiero a él. No soporto pensar que ahora la hace feliz a ella, como un día me hizo feliz a mí.

—Déjalo hacer su vida. Sácalo de tu cabeza.

—No, hermana. Lo que me hizo hoy, lo va a pagar muy caro.

—¿Qué piensas hacer?

—Voy a cancelar la solicitud del préstamo en proceso de aprobación que Fabricio tiene con nosotros.

—¿Estás loca? Tu marido no lo va a permitir.

—No me importa. Ya veré cómo lo consigo. Pero necesito a Fabricio rogándome por una noche en su cama.

—Mujer. Estás obsesionada y eso no está bien.

—Tú, qué vas a saber. Eres una solterona sin remedio.

—¿Sabes qué? Haz lo que se te venga en gana. Es a lo que estás acostumbrada. Mi papá consintió de más todos tus caprichos y te dio lo que siempre quisiste, tanto así que ahora te crees la dueña del mundo.

—Sal de mi habitación. Esta discusión se terminó.

—Cálmate. Me voy ahora mismo. Loca desquiciada.

—También te amo, hermana —tira la puerta.

Al día siguiente, todo está hecho. Fabricio recibe un correo electrónico dónde se le notifica que el préstamo que pidió para invertir en la compañía y sacar adelante a "Marina Hoteles" queda cancelado. No puede evitar sentirse muy confundido. Al no encontrar una solución instantánea, entra en una crisis nerviosa. Era la única solución que tenía hasta el momento. Isabella llega en ese instante y percibe la preocupación en su semblante.

—¿Qué sucede? —su rostro en señal de confusión.

—Tenemos serios problemas financieros.

—¿Tan graves son?

—Lo suficientes como para declararme en quiebra ahorita mismo.

—Bueno. Vamos a calmarnos y conversemos.

»¿Te parece?

—No tengo cabeza para una charla, ahora mismo.

—No. Si será sobre lo que está sucediendo —toma asiento frente a él.

—¿Qué beneficio me traerá tener una plática contigo?

—¿Me subestimas?

—Claro que no. Pero ahora, no veo una solución.

—Bueno. No estás mirando bien.

»Llama a tu asesor financiero.

—No tenemos.

—Una empresa sin asesor financiero no va a llegar a ninguna parte. En algún momento va a fracasar.

—Y tú, ¿qué sabes de eso?

—Poco —sonríe

—A ver. ¿Qué tan poco?

—¿Ya te sientes mejor?

—Digamos que esta plática contigo se está poniendo interesante.

Isabella se encamina hacia él. De pie detrás de su asiento, coloca las manos en sus hombros y lo acaricia.

—Necesitas con urgencia un masaje —susurra al oído.

—Me encantaría que me lo hicieras ahora mismo, así pensaría con mayor claridad. Pero estoy seguro de que no voy a poder resistirme y voy a desear hacerte mía.

—¿Y que lo impide? —se sienta en sus piernas.

—¡Son perfectas! —observa el escote y suspira.

—Bueno. Ahora que ya estás más relajado, hablaremos de negocios.

—¿Entonces no habrá nada de lo que hablamos antes?

—Por ahora no, quizá más tarde.

—Solo porque estoy en apuros no te hago el amor ahora mismo. Aquí en mi escritorio.

Se pone en pie y la besa apasionadamente.

—Ponte serio y hablemos del problema.

—¿Quieres la historia completa o solo una parte?

—Completa.

—Ayer, cuando llegué, Sabrina estaba aquí. Hizo el intento por seducirme y al notar que no reaccioné a sus proposiciones se fue molesta y liquidó el préstamo que teníamos en proceso de aprobación por parte de ellos.

—Vaya. El gran Fabricio se resistió a los encantos de un par de piernas. Tienes fama de no poder hacerlo —lo mira y sonríe coquetamente.

—Estoy loco por ti. Eso es lo que sucede.

—Entonces, ¿no pasó nada entre ustedes? —se acerca seductoramente

—No hagas eso. Que me enciendes.

»Y, no. No pasó nada.

—Explica por qué ella salió de aquí con la blusa desarreglada y con el labial corrido.

—Intentó besarme, intentó seducirme.

—Ayer, cuando vine, tenías un beso en el cuello de tu camisa y era de su labial.

—Sí. Me di cuenta cuando llegué a casa. Ella intentó un montón de cosas. Está loca —se sirve un vaso con agua, también sirve otro para Isabella.

—¿Agua? ¿Acaso no tienes algo más fuerte?

—Vaya. Me sorprendes. ¿Qué deseas? Wiski, vodka, tequila, vino. Tú pide.

Isabella sonríe.

—El agua está bien.

»Entonces, ¿tu ex quiere vengarse de ti?

—Eso parece.

—¿Ya habías hecho planes con el dinero?

—No específicamente. Pero sí lo necesitaba para realizar una inversión.

—No necesitas un préstamo. Al menos no de Sabrina.

—¿Cómo dices?

—Busca otra opción.

—No la hay.

—Siempre hay una. Busca bien.

Isabella se pone en pie y sale de la oficina sin hacer más comentarios.

24

Celos

No es la primera vez que Sabrina e Isabella coinciden en aquel gran edificio, donde se encuentran las oficinas de "Marina Hoteles". En cambio, nunca antes habían tenido la oportunidad de charlar. Una no es agradable a los ojos de la otra y viceversa, pero en este instante Sabrina tiene mucho que decir.

—¡Escúchame bien! —toma del brazo a su rival con un poco de violencia.

—¡Suéltame! —Isabella hala fuerte para librarse, sorprendida por la repentina manera de actuar de aquella mujer aparentemente llena de celos.

—Te crees la gran cosa.

—¡No, querida! Yo no me creo.

»Realmente, soy la gran cosa —demuestra que no va a permitir que la humillen así.

—¡Escucha, zorra igualada!

—No me insultes, porque no respondo. No sabes de lo que soy capaz por defender mi integridad —la calla.

—Sigo sin comprender cómo fue a fijarse en ti. Eres tan corriente que se nota por encima de tus harapos.

—Según tú, ¿la ropa de marca y el dinero te hacen mejor persona que yo? —la mira fijamente, demostrando que aquellas palabras no le provocan nada.

—Fabricio es un hombre con clase. Merece estar con alguien a su altura. Ese hombre necesita una mujer como yo —se señala a sí misma.

—Él, no necesita una mujer con dinero, como tú. Necesita una mujer con sentimientos —habla con frescura y total naturalidad.

—¿Y piensas que tú eres esa mujer? —se cansa por no saber cómo provocarla.

—Al menos, no lo he abandonado en sus peores momentos —ataca con su mejor arma.

—Piensas que él va a quedarse contigo. Fabricio es así. Se va a cansar de ti, como con las demás. Luego, te va a mandar bien lejos. Él no se enamora, solo nos utiliza para un rato de pasión y locura. Ya llegará otra que te quite la corona —expresa con ira.

—¿Lo dices por experiencia? —cruza los brazos—. Hasta donde sé, él no te dejó a solo días de la boda.

—No tienes por qué meter un asunto que pasó hace tanto tiempo en esta conversación que se refiere al presente —se molesta al enterarse de que Fabricio le contó sobre ellos y cómo se terminó la relación.

—Y tú, no tienes por qué hablar estupideces. Ya me cansé de escucharte y, créeme, solamente me has hecho perder el tiempo. Lo que pasa entre Fabricio y yo, no es de tu incumbencia —termina y se marcha.

—¡Te vas a arrepentir por haberte metido con mi hombre! —de nuevo, otra amenaza.

Isabella llega a su límite y se regresa. Se para frente a Sabrina y la mira con fría seriedad.

—Primero. A mí, nadie me amenaza. Mucho menos lo voy a permitir de una mujerzuela confundida como tú —hace una pausa y respira con intensidad—.

»Segundo. No andaré metiéndome en relaciones ajenas y tampoco se me conoce por pelear hombres. Si Fabricio quiere estar contigo, no es de mi interés. Pero lamento confesarte, querida, que él dejó de amarte hace mucho tiempo. Y vaya que te amaba, sí que lo hacía. En cambio, tú lo abandonaste justo cuando él menos lo esperaba y se decepcionó mucho, tanto que su amor por ti murió al instante.

»Tercero. Una mujer casada debería serle fiel a su esposo por sobre todas las cosas. Entonces, no comprendo qué haces peleando un derecho que abandonaste hace mucho para contraer matrimonio con un hombre al que se supone deberías respetar justo ahora.

Sabrina se acerca con rapidez e intenta encajar una bofetada en el rostro de Isabella. Sin embargo, esta reacciona de inmediato y frena el golpe con su mano.

—¡No te atrevas! No lo hagas. No te conviene despertar la bruja que duerme en mi interior.

Sabrina sonríe con sarcasmo.

—Voy a luchar por él. Voy a luchar por su amor. Yo estoy segura de que aún me ama. Todavía nos amamos y lo voy a recuperar —su voz se altera como si quisiera gritar.

—Eres demasiado infantil. Se nota que eras una niña mimada, de esas a las que papi y mami les cumplen todos sus berrinches. Pero, anda Sabrina, que ya eres adulta y no puedes tener lo que desees como si de juguetes habláramos.

—No permito que nadie me diga lo que tengo que hacer y mucho menos una poca cosa como tú.

—Fabricio no es un juguete al que puedes comprar con dinero. Te equivocaste si piensas que cancelando el préstamo que estaba en trámites de aprobación, él va a salir corriendo a tus brazos. No todo se resuelve con dinero.

—Sigo mirándote y no encuentro nada interesante en ti. No gozas de suma belleza que digamos. No, como para que Fabricio caiga rendido a tus pies —se burla mientras mira detenidamente cada parte del cuerpo de Isabella.

—Puede que a tus ojos no sea la más hermosa de las mujeres. En cambio, hay algo que se llama encanto y personalidad. Si a eso le agregas inteligencia, obtendrás a una mujer como yo. Capaz de conquistar al mismísimo diablo si así lo deseara.

Isabella habla con tanta seguridad que, al fin, logra minimizar el ego de Sabrina. Y sin tener más que decir, simplemente se da la vuelta y desaparece.

—La charla estuvo intensa —menciona Alison asomándose.

—¿Escuchaste todo?

—Sí, amiga.

—¿Todo, todo?

—Me cansas. Sí. Todo, todo.

—Sabrina está loca.

—Y tú, más. Por hablarle como le hablaste. Pero bien hecho, se lo merecía.

Alison conduce a su amiga hasta el final del pasillo, donde toman el elevador que las deja frente al estacionamiento. Es hora de volver a trabajar.

25
Estrella de mar

ES MUY TEMPRANO AÚN, pero Fabricio ya se encuentra esperando a Isabella en la puerta de "Hotel Caracol". Parece importante lo que tiene que hablar con ella.

—¡Buen día, Isabella! ¿Será que aceptas que te invite a tomar un exquisito café!

—¡Lo siento! Tengo pendientes por resolver.

—¡Por favor! Será un breve momento. Te lo prometo.

—Está bien. Vamos.

Caminan en dirección al café de la esquina. Cuando entran, Fabricio busca la mesa más solitaria. Después de pedir algo para tomar, va directo al grano.

—Hace un par de días me dijiste que había una solución. Yo sigo sin encontrarla.

—"Hotel Estrella de Mar".

—¿Qué con eso?

—¿Es tuyo? ¿De tu familia? ¿De la sociedad en conjunto? —pregunta para proseguir.

—Es mío. Solamente mío.

—Es un hotel precioso. Pero los días que estuvimos ahí, no hubo muchos huéspedes.

—Bueno —hace una pausa para meditar—.

»Es un hotel para fines personales. Es decir, no lo compré con la intención de hacerme millonario utilizándolo, sino más bien lo que quería era tener un lugar sumamente privado y alejado de la ciudad al que podría irme los fines de semana sin ningún problema.

—¿Quién compra un hotel para no hacer dinero?

—Supongo que mi respuesta debería ser, yo.

—Es momento de cambiar de parecer. Debes ver tu hotel como una fuente de ingresos.

»Puedo ayudarte si aceptas.

—¿Lo harías? —se ve muy sorprendido.

—Dame una tan sola razón por la que diría que no —lo mira a los ojos con ternura.

—No lo merezco —con remordimiento.

—Ese es problema tuyo, no mío —se molesta al pensar que tal vez se refiere a lo que pasó con Sabrina.

—¿Qué tienes en mente?

—Vamos al hotel y en el camino te explico.

—Bien. ¡Vamos!

Mientras Fabricio conduce por la ciudad, la observa en varias ocasiones y piensa en cuán maravillosa es.

—¡Gracias! —se carga de nostalgia.

—¿Por qué? Si todavía no hago nada —sonríe.

—Lo estás intentando, me quieres ayudar. Eso es suficiente para mí.

Una vez que llegan a "Hotel Estrella de Mar", bajan del automóvil.

—¿Ves lo hermoso que es? —extiende sus manos para señalar todo lo que hay frente a ellos.

—No me queda duda. Por eso que lo adquirí.

—Las personas estarían encantadas de pasar un fin de semana en este lugar y lo elegirían como su primera opción si sus precios, el servicio y la comida son más que excelentes.

—Pero no puedo ofrecer un precio abajo del estipulado porque alguien venga y se hospede en mi hotel.

—¡Sal de esa burbuja! Dime, ¿qué es más rentable? El precio alto y dos o tres huéspedes durante la semana o precio bajo con seis u ocho clientes durante más días.

—La segunda opción parece tentadora. Sucede que muchas personas prefieren pagar por cosas o servicios más caros en lugar de baratos porque eso les garantiza, según ellos, mejor calidad.

—Sé a lo que te refieres. Así que debes enfocarte en un grupo determinado. Quizá en las familias que deseen pasar un buen rato lejos de la ciudad. Si hablamos de una pareja y sus dos o tres hijos, van a querer ahorrar lo más que se pueda, y si este hotel les ofrece una estancia cómoda, con mucha seguridad para sus hijos, un área recreativa y hasta el servicio de guardería por un par de horas, te aseguro que no se podrán resistir.

—Tienes toda la razón. Recuerdo cuando era un niño y nos íbamos de vacaciones, mi mamá siempre se encargó de buscar el hotel en el que nos quedaríamos cierta cantidad de días. Ella amaba los hoteles como este, llenos de vida, con árboles y plantas por todos lados. Nosotros sus hijos siempre disfrutamos de lugares así, tanto que crecí con ese amor por la naturaleza que ahora se refleja aquí.

»No te lo había dicho antes, pero sin duda, este es mi lugar favorito cuando deseo conectar con la naturaleza o cuando deseo estar a solas. Por tal razón, eres la primera persona a la que traigo aquí.

—¿Y debo sentirme afortunada?

—Tal vez sí, quizá no.

»Bueno. Volviendo al tema. Mamá buscaba lugares bonitos y cómodos porque había que comprar comida, que los gastos del traslado y esas cosas.

—¿Lo ves? ¿Te imaginas si ofreces todo incluido?

—Esa idea me gusta. Hospedaje, uso de instalaciones, comida y bebidas.

—Yo definitivamente traería a mi mamá y a mi hermana para que pasemos un fin de semana las tres juntas, lejos del ruido y la monotonía de la ciudad.

—Puedes traerlas cuando quieras. Sabes bien que no hay problema por eso.

—También puedes ofrecer pasadías diarias para aquellos que no deseen quedarse, pero que quieran disfrutar de un almuerzo en un lugar mágico como este.

—¡Excelente! Esa idea me gusta mucho más.

—El servicio de los colaboradores de este hotel me parece muy bueno, pero si tendrás que hacer cambios en la cocina. Manuela es muy amable. Sin embargo, le falta pulir su sazón.

—Lo sé, pero no quiero despedirla.

—No he dicho que lo hagas. Reubícala, déjala como asistente, quizá como mesera u otro puesto que tú creas que desempeñe con pasión.

»En “Hotel Caracol” tienes a dos o tres cocineras que seguro rendirán mucho si las ubicas como encargadas, aquí.

—Es increíble que, siendo yo un gran empresario, seas tú quien me esté indicando qué hacer.

—Tú sabes administrar y controlar el personal, sabes sobre ética y modales, conoces sobre comidas y muchas otras cuestiones que van en relación a tu carrera tal y como es hotelería y el turismo. Solo tienes que implementar ideas o hacer cambios de mejora. Además, no todos lo sabemos todo. Por eso buscamos colaboradores que hagan lo que no está a nuestro alcance.

Fabricio sonríe y se queda pensando en todo lo anterior y en cómo es posible que fuera tan egoísta con aquel hermoso lugar al esconderlo del resto del mundo.

Pronto implementará lo sugerido por Isabella esperando que marche como se espera.

26

Entre la cocina y las finanzas

EN LAS ÚLTIMAS SEMANAS, Isabella ha sorprendido a Fabricio con su desenvolvimiento en el área financiera.

—¿Por qué en ningún momento dijiste que eres licenciada en finanzas?

—¿Era importante? —con tono sarcástico.

—¿Por qué no debía serlo?

—¿Acaso iba a cocinar números o algo parecido?

—¡Oh, cariño! Te has pasado con esa respuesta.

—¡Lo siento! De verdad, lo lamento.

—Dolió. Y mucho.

—Cuando llegué aquí en busca de trabajo, tenía una meta muy clara: ser una de las mejores chefs. Siempre pensé que sería un mejor puesto ante el cargo de asistente financiera.

—Me hubiese encantado contratarte para ese puesto.

—Si lograste conquistarme en el puesto que estoy, créeme que como tú asistente no hubiera sido la mejor.

—¿Tú crees?

—Claro, imagínate tener que estar cerca de ti todo el día. Todos los días.

—Habría tenido más tiempo para hacerte mía las veces que quisiera.

—¿Lo piensas así?

—Ahora mismo, tengo ganas de quitarte el vestido.

—¿Que tanto? —juega con su corbata.

Isabella sabe provocar sus deseos carnales, con tan solo una mirada intensa.

—Como no te imaginas —le susurra.

Isabella se estremece y antes de detenerlo, suspira. Fija sus ojos en los labios masculinos, mismos que se le apetecen como si de una sabrosa cereza se tratara.

—¡Hazme tuya! —musita.

Fabricio se excita con aquella petición. Decide tomarla entre sus brazos para besarla profusamente en los labios. Ella es capaz de sentir cómo poco a poco su masculinidad va reaccionando a lo que está sucediendo y eso le provoca inquietud.

—¡Espera! Hay que asegurar la puerta.

—Claro —en seguida cierra con llave la entrada.

Cuando regresa junto a ella, Isabella se encuentra apoyada sobre el escritorio, con las piernas cruzadas, dejando al descubierto la mayor parte de ellas. Fabricio se acerca y la besa en la boca. Ella se pone en pie y al rozarlo se da cuenta de que su estrategia ha funcionado.

—¡Vas de prisa!

—Tengo muchas ganas de ti —le besa el cuello.

Isabella se estremece y siente algo recorrer en el interior de su vientre. Lo besa en los labios y se despide, dejándolo con todas las ganas a flor de piel. Fabricio se sorprende y sonríe decepcionado.

—Tengo que ir a la cocina.

—Eres una niña traviesa —susurra.

Isabella sonríe con picardía. Se acomoda la ropa y comienza a recoger sus cosas.

—Tendrás tu merecido. Te lo prometo.

—¡Eso espero! —guiña.

En la radio suena *Far away* de Nickelback. Fabricio se llena de sentimientos. Sabe lo que ahora siente por aquella mujer de la que nunca pensó enamorarse.

—Coordina todo con Alison para su ascenso. Te necesito aquí conmigo —da instrucciones.

—¿Estás seguro de la decisión que acabas de tomar? —dudosa, antes de salir.

—Claro. Eres muy buena con las finanzas. Ahora mismo yo me siento el más imbécil en este campo —se lleva las manos a la cabeza.

—Perfecto —lo mira y sale.

Sarita va llegando a la oficina de Fabricio y antes de entrar espera a que Isabella salga.

—¡Adiós, Sara divina!

—Que tenga buen día, señorita Isabella —la mira de espaldas mientras se aleja.

—¿Qué pasa, Sarita? —él la nota extraña.

—Deberían ser más discretos.

—¿A qué te refieres?

—El ambiente huele… a sexo —señala alrededor.

Fabricio toma un desodorante ambiental y esparce por todos lados.

—Y, ¿ahora?

—No cambias en nada. Pero no creí que ella caería en tus juegos.

—No ha caído. La he conquistado y te aseguro que no ha sido fácil.

—Ella va a sufrir mucho cuando la dejes. Y mira que es una buena mujer.

—Entonces, no voy a dejarla.

—Te conozco. Siempre las usas. Y cuando te aburres, las sacas de tu vida como si de baratijas se tratara.

—Con ella, es distinto. Con ella me quiero casar. Isabella será mi futura esposa —habla con ilusión.

—No digas tonterías. El Fabricio que conozco no tiene idea de lo que es el amor y le teme al compromiso.

—Estoy cambiando. Créeme.

—Entonces, me alegro que al fin llegue una mujer que te mantenga con los pies en la tierra.

—Es perfecta, Sarita. Isabella me llena por completo y deseo hacerla mi mujer y madre de mis hijos.

—Ve despacio, no quiero que sufras de nuevo.

—Lo de Sabrina es asunto del pasado. Ya lo he superado. Estoy listo para iniciar algo nuevo. Además, ya es tiempo, ¿no?

—Me llena de orgullo escucharte hablar así.

Con el paso de los días, Isabella va adaptándose a su nuevo cargo como encargada de finanzas. Fabricio va descubriendo que es experta en temas de dinero, sobre todo, porque le enseña cómo hacer que el dinero trabaje para ellos y no al contrario.

Él se siente satisfecho de haber hecho los cambios que hizo, y aunque a veces le pide a Isabella que supervise a Alison, sigue creyendo que no habrá mejor puesto para ella que en el que la colocó. Isabella, por su parte, extraña la cocina, pero le gusta lo que hace y le apasiona saber que sus ideas van dando buenos resultados. Así que, sin descuidar su trabajo, de vez en cuando visita a Alison y le propone nuevas ideas para el menú, igual que le propone nuevas estrategias a Fabricio para que pueda levantar la cadena de hoteles. Sin duda, Isabella es una mujer increíble, llena de muchas virtudes y conocimientos.

27

Bienvenida a la familia

ISABELLA CONTINÚA CUMPLIENDO con sus funciones en el área de finanzas. Por tal razón pasa mucho más tiempo en compañía de Fabricio.

—Dentro de una semana haremos una fiesta familiar para celebrar por el éxito de "Marina Hoteles". Pese a los problemas económicos que hemos tenido que enfrentar y que hemos logrado superar.

» Me encantaría que tú estés conmigo en esa cena.

—¿Cómo crees? No me voy a sentir cómoda.

—Necesito que ellos conozcan a la mujer con la que estoy saliendo —le da un beso en la frente—. Además, eres parte de este logro que estamos teniendo. Si no fuera por ti, ahora mismo estaríamos en la quiebra.

—Tengo miedo.

»¿Y si no me aceptan? —cuestiona nerviosa.

—Lo siento mucho por ellos. Yo deseo estar a tu lado, les guste o no.

—Está bien. Iré contigo —se siente confiada.

La semana pasa de prisa. Sin que ambos se den cuenta, al fin es sábado. Han tenido tanto trabajo que ni siquiera tuvieron mucho tiempo para compartir juntos.

—Deseo que esta noche uses esto —le entrega una caja amarrada con un lazo de color rojo.

—¡Está bien! —acepta y toma la caja entre sus manos.

Cuando llega a casa, abre la caja y se da cuenta de que adentro hay un elegante vestido en color verde esmeralda.

—¡Es hermoso!

—Seguro cuesta una fortuna —agrega Antonella desde la puerta.

—Tú. ¿Qué haces ahí?

—Pasaba y te vi observando cada detalle del vestido.

—Esta noche hay una cena en casa de Fabricio y quiere que lo acompañe.

—Entonces, hoy te presenta con su familia.

—Sí. Eso parece.

—¿Estás nerviosa?

—Un poco.

—Hija. ¿Quién es ese tal Fabricio? —indaga Blanca desde la entrada.

Isabella se sonroja. Ahora sí, completamente nerviosa. Sabe que ha llegado el momento de darle muchas explicaciones a su madre y no tiene idea por dónde comenzar.

—Fabricio es su jefe —responde Antonella para terminar de complicarlo todo.

—Gracias por la ayuda, hermanita —lanza una mirada y anota con sarcasmo.

—Bueno. Las dejo solas. Tienen mucho de qué hablar —sale de la habitación y cierra la puerta.

—Te escucho —Blanca toma asiento frente a su hija. Su mirada es fría y amenazante, como si descubriera que Isabella ha cometido un severo error.

—Mamá. Yo sé que tú no lo vas a entender.

—Claro que no lo voy a entender. ¿En qué estabas pensando? ¿Crees que la familia de tu jefe va a aceptarte? ¿Crees que él te está tomando en serio? —una y otra pregunta, mirándola a los ojos.

—No lo sé.

—No estás siguiendo los principios con los que te eduqué en este hogar.

—¿Acaso crees que la condición social pone límites para el amor? —un poco molesta.

—Por supuesto. Pertenecen a mundos muy distintos.

—Entonces. Según tú, ¿yo soy muy poca cosa para mi jefe? —está mucho más molesta que antes.

—Mira, Isabella. Como dicen por ahí: "Cada oveja con su pareja". Puede que ahora está todo bien entre ustedes, pero en un tiempo van a descubrir que no encajan uno en la vida del otro. El amor no se basa simplemente en sexo y esas cosas pasajeras por las que seguramente ahora están deslumbrados.

—Perfecto. Lo entiendo. Déjame sola, que necesito vestirme.

—No, Isabella. No comprendes.

—Déjame sola. Quiero estar sola.

Blanca sabe que su hija es una mujer terca a la que pocas veces ha hecho entrar en razón. Así que, por el momento, lo mejor será dejar de lado el tema.

Isabella llora amargamente porque en el fondo sabe que su madre tiene razón o tal vez no, nada está escrito. Lo cierto es que no obedece y deja de lado los cometarios de su madre para estar al lado del hombre que ama. Sigue lo que su corazón le indica y continúa preparándose para la cena de esa noche.

—¡Han llegado por ti! —anuncia Antonella.

—¡Voy en un momento!

—Discutieron muy feo y sé que estás triste.

—Así es. Me gustaría que mamá comprendiera que Fabricio y yo de verdad nos amamos.

—Ve y disfruta de la cena. Cuando regreses hablas con ella, teniendo más calma.

—Sí, hermana. Eso es precisamente lo que haré.

Isabella toma su pequeño bolso de mano y sale. Fabricio la espera y en cuanto la ve acercase, baja del automóvil para abrir la puerta.

—¡Estás deslumbrante! Hoy, más que nunca, deseo tenerte solo para mí durante toda la noche. No me importa dejar a mi familia esperando.

Ella sonríe, se siente importante y muy halagada. Antes de partir, observa hacia la habitación de su madre, quien la mira desde la ventana. De pronto, su mirada se torna triste.

—¿Qué tienes? —notó su mirada triste.

—No pasa nada. Anda. Vamos con tu familia —intenta sonreír.

Cuando llegan a casa, Isabella nota que no se trata de una simple cena familiar. Hay un montón de personas desconocidas y de inmediato se pone nerviosa, por ser la primera vez que acompaña a Fabricio a un evento como ese.

—Yo pensé que era solo una cena —intenta parecer relajada.

—Bueno. En realidad, mi familia no es de cenas sencillas. A ellos les gusta compartir con sus amigos y conocidos cercanos.

Bajan del automóvil en silencio y avanzan entre los invitados, saludando amablemente.

—Melissa. ¡Ahí estás!

—Hermanito, ¡al fin llegas!

—Mira. Ven. Te presento a Isabella.

—¡Mucho gusto, Isabella! Debo decir que eres más hermosa de lo que imaginé.

—¡Oh! ¡Muchas gracias! Muy amable y encantadora, como tú hermano.

—Te lo dije. Tengo una novia muy bella como ninguna otra en esta fiesta.

Isabella queda anonadada al escuchar la palabra novia y no sabe qué decir.

—¡Bienvenida a la familia, Isa! —añade Melissa.

—¡Gracias! —sonríe.

—Ven. Te presentaré con mis padres —la toma de la mano.

—¿Y si ellos no me aceptan?

—Lo harán. Igual que lo hizo Melissa.

—Eso espero —respira profundo para sentirse mejor.

Un mesero les ofrece vino y bocadillos. Isabella toma una copa y camina entre las personas observando los detalles de la fiesta: la piscina iluminada, es el centro de atención; después están las lámparas que alumbran los senderos, las flores que adornan las mesas y la noche estrellada. Todo a su alrededor le permite calmarse antes de llegar hasta donde se encuentran los padres de Fabricio.

28

Una dolorosa pérdida

ANTONELLA ENTRA EN LA HABITACIÓN de su mamá y la encuentra un poco triste y pensativa.

—¿Te pasa algo?

—Nada. Es solo que, tu hermana está haciendo cosas incorrectas.

—¿Incorrectas? —reacciona un poco sorprendida, aunque sabe perfectamente a lo que Blanca se refiere.

—Sí, hija. Ella no puede hacer su vida junto a un empresario reconocido.

—¿Por qué no?

—El estatus social de ambos no lo permite.

—No encuentro una razón lógica a lo que dices.

—Ellos no lograrán ponerse de acuerdo en muchas cosas y tu hermana sufrirá.

—Por Dios, mamá. Déjala que disfrute y que se enamore. A mí me parece que él es una gran persona y además adora a Isa.

—¿Que vas a saber tú? Si eres casi una niña.

—Tengo dieciocho. Ya no soy una niña.

Antonella se levanta molesta porque su madre no toma en cuenta sus opiniones. Justo en ese instante Blanca comienza a sentirse mareada y bastante débil, intenta tomar asiento, pero se desvanece por completo cayendo desmayada. Al escuchar el golpe, Antonella se da vuelta para encontrarla tirada en el suelo.

—¡Mamá! —grita asustada, sin saber qué hacer—¡Mamá! Anda, ¡respóndeme! ¡Contéstame! Por favor. ¡Mírame! —cada palabra se escucha como una súplica.

Antonella se levanta. Busca apresurada y nerviosa el teléfono. Después de unos segundos la atienden.

—Necesito una ambulancia, es urgente.

Le toman los datos, cuelga y regresa a la habitación. Blanca tiene un color extraño que sorprende aún más. Parece un poco pálida y a la vez morada.

—Ya pedí ayuda, mamá. Todo va estar bien —dice, con la esperanza de que su madre la escuche.

Pocos minutos después, llega la ambulancia y Blanca es trasladada al hospital más cercano. Mientras tanto, Antonella intenta contactar a su hermana, pero el móvil suena apagado.

—¡Responde! ¡Por favor, contesta! —habla sola, caminando de un lado a otro por el largo pasillo de espera.

Isabella baila y baila disfrutando cada nota musical, en compañía de Fabricio sin imaginar lo que está sucediendo. Los segundos siguen pasando, los minutos van avanzando y de pronto piensa en su mamá.

—¡Tengo que irme!

—¿Qué pasa? ¿Acaso se le terminó el tiempo a Cenicienta? —con tono burlón.

—Cállate y llévame a casa, por favor. Hoy discutí con mamá y ya no quiero estar así con ella —busca la salida.

—Ahora te llevo. Solo déjame avisarle a Melissa.

—Despídeme de ella y envíales saludos a tus padres.

—Si quieres, vamos.

—No, te espero en el automóvil.

—Está bien.

Isabella sube al vehículo, apresurada como si sintiera lo que está sucediendo, pero intenta calmarse respirando profundo para después dejar salir el aire con lentitud.

—Listo. Vamos —Fabricio se pone en marcha.

De pronto el teléfono móvil de Isabella parece tener señal y comienzan a llegarle las notificaciones por las llamadas perdidas de su hermana.

—¡Algo pasó! —los nervios la invaden.

—¿Qué?

—Algo no está bien. Tengo muchas llamadas de Antonella —intenta devolver la llamada.

—Isa. Estamos en el hospital. Es mamá.

—Estoy de paso. Ahora te veo —cuelga.

—¿Pasa algo? —él está curioso y angustiado.

—Mi madre. Tuvo complicaciones de salud. Está en el hospital —sus ojos comienzan a humedecerse.

—Tranquila, cariño. Todo va a estar bien. Ahora mismo vamos para allá —intenta hacerla sentir mejor.

Minutos después, se encuentran frente al gran edificio y mientras avanzan al interior, Isabella llama a su hermana.

—Estoy aquí. ¿Dónde te busco?

—En emergencias.

—Señorita. Acompáñeme, por favor —se escucha al fondo.

—Tengo que colgar.

—Ahora estoy contigo.

—Está bien —corta la llamada.

Mientras Isabella se dirige al área de emergencias, Antonella camina junto a una enfermera que la conduce hacia una sala donde se encuentra con un médico que tiene cosas por decirle. Después de un corto tiempo, sale y se encuentra con su hermana.

—¿Qué pasa? —la abraza.

—Está muerta —contesta sin meditarlo y deja salir las lágrimas que intentó contener antes.

—¡No! No. Eso no es posible —abraza fuerte a su hermana y se aferra.

—¡Mamá ha muerto, Isa! ¡Ha muerto!

Fabricio las observa a pocos centímetros de distancia. Ve cómo a ambas se les rompe el corazón. Él no sabe qué hacer, ni qué decir. La sorpresa es demasiado grande y de pronto es como si recordara el instante en el que supo que su hermano había fallecido. Se toma unos segundos para reaccionar y luego se acerca.

—Lo lamento tanto —susurra cerca de Isabella.

—Es mentira, lo sé. Ellos mienten —protesta.

—Tranquila, cariño. Todo va a estar bien.

—Quiero verla. Quiero ver a mi mamá —suplica desesperada.

Uno de los enfermeros les pide que lo acompañen y les lleva hasta la sala donde se encuentra el cuerpo sin vida de su madre.

Una mano cuelga al borde de la camilla, estática y pálida. Isabella la sostiene y la observa mientras algo en ella se va quebrando poco a poco. El dolor va creciendo con cada segundo que pasa y hasta siente ausencia de oxígeno en sus pulmones al apreciar el cuerpo inerte de su madre. En su mente ruega para poder despertar de aquella terrible pesadilla que está robándole paz.

—¡Perdóname, mamá! Sé que esto es mi culpa.

—¡No, Isabella! No digas eso —pide Fabricio.

—Tienen que salir —indica el enfermero.

Fabricio la abraza y la conduce hasta el pasillo donde Antonella espera, quieta como si pasara desapercibida de lo que sucede. Está ahí, sin decir o hacer nada. Ella simplemente parece muerta en vida, como si no hubiera sido quien recibió la noticia. Lo que está viviendo ha causado estragos en su sistema nervioso y ahora mismo se encuentra conmocionada, alejada de la realidad.

—¡Vamos, cariño! —le pide Isabella.

—No. Todavía no. Estoy esperando a mamá —responde distraída.

—Mamá se ha ido y no va a regresar.

—Sí viene. Ella me pidió que la espere aquí.

—Antonella. Entiende que mamá murió. Ahora solo me tienes a mí.

—No. Eso no es verdad. Ellos mienten, tú mientes. Todos mienten —grita y da paso al torrencial de lágrimas que salen desde su interior.

Isabella la abraza con fuerza y la conduce hasta el automóvil.

—Tenemos que ser fuertes, yo te necesito aquí conmigo, hermanita.

Antonella solo escucha como una niña y obedece.

—Tú encárgate de Antonella y yo me encargaré del funeral —Fabricio toma parte de la situación.

—¡Gracias por estar aquí conmigo!

Cuando llegan a la funeraria, listas para el velorio, fijan sus ojos en el ataúd y se abrazan, quizá para sentir menos el dolor que les está consumiendo el alma.

29
Tocando fondo

El día está gris y llueve mucho. El sepelio de Blanca es un momento muy doloroso para las hijas, quienes aún no aceptan que mamá ya no estará en casa.

Isabella lleva sin dormir muchas horas y, aunque Antonella lo ha hecho gracias a los calmantes suministrados por el doctor, se nota en ella un cansancio inminente que no la deja tener paz. Durante el funeral, tuvo que llamar de emergencia a un médico, porque Antonella se descontroló en varias ocasiones, dejando ver lo débil que puede llegar a ser su sistema nervioso.

Pese a sentirse la principal culpable de la tragedia por la que pasan, intenta ser valiente y afrontar las cosas de una manera distinta, ya que es la hermana mayor y la que queda a cargo de todo, de ahora en adelante.

Pocos días después, ambas van aceptando el vacío que ha dejado Blanca y avanzan con sus vidas, llenas de tristeza, pero conscientes de que no hay vuelta atrás. «El pasado es perturbador a veces, pero es parte de un camino recorrido que no es necesario volver a recorrer». Aquella frase era muy utilizada por Blanca, cuando quería que sus hijas pusieran los pies en el presente, de modo que intentaba recordarles que lamentarse por la leche derramada era solo una tontería.

—¿Crees que fue culpa mía? —Isabella mira fijamente a su hermana mientras desayunan.

—¡Claro que no! Deja de mortificarte.

—Me fui molesta con ella. No obedecí.

—Isa. Tú eres una mujer adulta, capaz de tomar decisiones por tu cuenta y lo que mamá pensó de ti esa noche fue solo un tonto impulso personal de ella. Recuerda que una historia similar era la suya con papá y ella siempre pensó que no fueron felices del todo porque nuestros abuelos paternos se interponían a esa relación. Bueno, ya sabes el resto de la historia.

—Así es. Papá debió estar muy enamorado para renunciar a todo, tanto a su familia como a su dinero, con tal de hacer una vida junto a mamá.

—Estoy segura de que aquella noche no pensó en ti, sino en papá. Por eso se molestó tanto. Con tu presente, ella terminó recordando su pasado.

—Sí, debió ser eso.

»Debí quedarme en casa, debí obedecer.

—Olvídate de eso y sé feliz —se colma de nostalgia recordando a su mamá.

—¡Así será!, mi pequeña niña.

Las dos se ponen de pie, dispuestas a cumplir con sus obligaciones diarias, una estudiar y la otra trabajar.

Los días siguen avanzando de prisa, sin hacer ningún tipo de pausa. De pronto, Isabella nota rara a su hermana. Está más pálida, más delgada y come menos de lo normal.

Una noche antes de irse a dormir, va al baño y, cuando regresa nota la puerta de la habitación de su hermana medio abierta. Observa que está haciendo ejercicio. Piensa que últimamente hace demasiado esfuerzo para verse delgada. Recuerda que varios días antes estaba de pie frente al espejo mirando detenidamente cada línea de su cuerpo y cuando entró comenzó a hacer preguntas que la pusieron en alerta.

—¿Crees que estoy gorda? —con preocupación.

—¿Gorda?

—Sí. Estoy gorda.

—Anto. Pero si estás mucho más delgada de lo normal.

—No me mientas. ¡Mírame! —señala su cuerpo con las manos.

—Vamos, cariño. Yo creo que esto de los ejercicios y las dietas se está saliendo de control.

—No. Para nada. Debo esforzarme un poco más. Sal de mi habitación. Por favor —siguió en su rutina, ignorando la presencia de su hermana.

Isabella se preocupa. Al notar que las cosas siguen empeorando comienza a investigar antes de que sea demasiado tarde, y aunque no sabe a quién acudir, empieza indagando en internet sobre trastornos alimenticios y sus posibles causas, llegando a la conclusión de que su hermana presenta signos alarmantes sobre padecimiento de anorexia por lo que de inmediato acude a quien puede ayudarle.

—Ali. ¿De casualidad tú conoces un especialista en trastornos alimenticios?

—Fíjate que debo tener un buen contacto. Hace unos años atrás mi hermana menor se vio bastante afectada por la bulimia y ese doctor le ayudó muchísimo —comenta mientras bate unos huevos para el postre.

—¿Tú me puedes pasar su número o la dirección?

—Claro, amiga. Con gusto.

»¿Problemas con Antonella?

—Desde que mamá murió ha tomado una obsesión por verse más delgada de lo normal.

»No sabes lo preocupada que me estoy sintiendo. Y eso que yo la veía perfecta. Tiene un hermoso y envidiable cuerpo que hasta parece una de esas modelos internacionales.

—Es muy común en los adolescentes preocuparse demasiado por su físico hasta obsesionarse, sin darse cuenta de los futuros problemas que esto puede ocasionar.

—Estoy empezando a asustarme demasiado, no quiero perderla a ella, también.

—Tranquila. Que, si el problema viene comenzando, pronto encontrarás una solución acertada.

—¿Y qué sucede si ella no entra en razón sobre la ayuda que necesita?

—Depende mucho de la manera en que le pidas que visite al médico.

—Tienes razón. Haré mi mejor esfuerzo al pedírselo.

Isabella regresa a casa, pero antes va en busca de su hermana y la invita a cenar.

—¿Qué quieres comer?

—Una ensalada.

—Pero, ¿cómo?

—¿Cómo qué?

—Pide carne, algo más pesado.

»Estás demasiado delgada.

—Estoy gorda y necesito bajar de peso.

—Tú y yo tenemos que hablar.

—Bueno. Dime.

—Eres la única persona que me queda en este mundo. ¿Entiendes? Y no voy a dejar que nada malo te pase.

—No soy la única. Ahora tienes a Fabricio.

—Entonces, ¿estás celosa?

—Claro que no. Pero no tienes motivos para engañarme.

—Tú sabes que no te engaño. Eres mi única hermana. La persona por quien daría mi vida si es necesario.

»Mamá jamás me perdonaría si dejo que te suceda algo malo.

—Ya basta. ¿A dónde quieres llegar?

—Creo que necesitas que un médico te revise.

—¿Qué se supone que me va a revisar?

—Estás pasando por un trastorno alimenticio y me encantaría volver a verte bien.

—Estás loca y yo perfectamente bien. Llévame a casa, venir fue mala idea.

—Anto. No seas así.

—¡Quiero ir a casa!

»¿Entiendes?

Antonella se molesta y su hermana se siente frustrada al darse cuenta de que las cosas están mucho peor de lo que pensaba. Por más que practicó que le pediría las cosas de otro modo, no le salió como esperaba.

30

Lluvia de mentiras

SUENA LA ALARMA Y ESO INDICA que ha llegado el momento de salir de la cama para iniciar un nuevo día.

El sol entra ligeramente a través de la ventana.

—¿Que rayos haces en mi cama, Anto? —tiene un sobresalto y se siente confundida.

—Recuerda que no me sentía muy bien anoche y me dejaste quedarme aquí.

—Tienes razón.

»Y hoy, ¿cómo sigues?

—¡Mejor! Ya me siento mejor —se levanta.

—¿Te vas?

—Sí —contesta secamente.

—Al menos tiende mi cama.

—Isa. Solo fue un instante.

—Un instante que duró toda la noche.

—¡Ya basta! —cierra la puerta al salir.

Isabella entra en la ducha y deja caer el agua tibia sobre su esbelto cuerpo. Con cada gota que resbala siente calma y también siente que va despertando como si de una flor expuesta al rocío matutino se tratara.

—Deseo que hoy sea un día lleno de cosas buenas e importantes —frente al espejo mientras cepilla su cabello.

—El desayuno está listo —interrumpe su hermana.

—¿Qué has preparado? —siente cómo se activó su apetito con la palabra desayuno.

—Jugo de naranja, café, fruta y pan tostado con mermelada —responde desde la puerta.

—¡Que delicia!

Cuando llega al comedor, observa que solamente hay un puesto servido.

—¿Me acompañarás?

—No, es que no tengo apetito —no le toma mayor importancia.

Isabella se preocupa porque sabe que Antonella sigue empeorando y no lo quiere reconocer.

—Tienes que comer, de lo contrario empeorarás.

—¿Vas a comenzar de nuevo? Yo estoy perfectamente.

—Mírate. Estás tan delgada que tu cuerpo ya comienza a producir lanugo.

—¿Lanugo?

—Ese exceso de pelillos en tus brazos se llama lanugo. Es tu cuerpo intentando protegerse del frío en ausencia de grasa. Le toca producir vellos muy finos.

—No es cierto. Lo estás inventando.

—Piensa lo que quieras.

Isabella termina su desayuno y se marcha a su trabajo.

—Es increíble como disfruto de lo que hago —dice en voz baja mientras conduce.

El tráfico avanza normalmente. Pero de pronto, se detienen todos los vehículos.

—¡Es el semáforo, Isabella! Tan solo es el semáforo en luz roja —intenta calmarse.

Pero el semáforo sigue en verde, se observa a la perfección desde donde ella se encuentra, pero luego mira por la ventana de su automóvil hacia su costado izquierdo. Es un accidente. De inmediato se detiene, porque algo ahí le parece familiar, por supuesto, es César. Ha reconocido el automóvil de su exnovio, acaba de atropellar a una señora y parece estar ebrio. Se estaciona para observar todo a una distancia prudencial.

«Definitivamente doy gracias al universo por haberme permitido alejarme de él. Bien dicen por ahí que uno debe hacerle caso al destino cuando insiste en separarte de algo o de alguien» piensa, al mismo tiempo que intenta controlar sus nervios al imaginar que aquella señora puede morir.

Los agentes policiales llegan y lo detienen para hacer el respectivo procedimiento judicial contra César. La ambulancia también llega y de inmediato suben en una camilla a la señora. Isabella se baja del automóvil cuando observa cómo una mujer muy joven, quizá como ella o peor aún, mucho más joven, llora desesperada junto a la camilla. En ese instante recuerda a su mamá y algo en su interior se quiebra, un poco más.

—¡Me haces tanta falta! —susurra y suspira—. Ruego al cielo para que no le pase nada malo. Ojalá ella no tenga que pasar por lo que ya pasé —se refiere a la jovencita.

—Ella. Esa mujer. Ella es la culpable de todas mis desgracias —grita César mirándola de lejos.

En ese mismo instante, un oficial de policía lo sube al automóvil y se lo llevan a la jefatura.

—¿Cómo pude estar enamorada de ese tipo? —aborda su vehículo para marcharse—. Este día no va bien.

Llega al hotel. Avanza hacia la oficina de Fabricio y lo encuentra bastante ocupado.

—¡Llegué! —sonríe tiernamente.

—Menos mal. Ya me frustré. ¿Me ayudas?

—Por supuesto.

—Trae una carpeta que hay en la segunda gaveta de ese archivo —señala sin mirar.

—Claro. El día parece raro —menciona, queriendo mantener la conversación.

—¿Raro? —no quita la vista de unos documentos que tiene en las manos.

—Está todo gris. Parece que pronto caerá una fuerte tormenta —intenta distraerse del suceso anterior.

Isabella camina hasta el archivo. Tal como le ha indicado él, abre la segunda gaveta, toma una de las dos carpetas parecidas y para asegurarse de haber tomado la correcta, la abre. Su sorpresa es enorme al encontrar su hoja de vida seguida de unas cuantas páginas que contienen mucha información sobre ella. También encuentra las fotografías que develan su día a día cuando recién empezó a trabajar en "Marina Hoteles". Sigue sin poder creer lo que observa. Trata de controlarse, pero es imposible. La decepción se apodera de ella y siente cómo su alma se rompe y su corazón se encoge.

Deja la carpeta abierta y sale a toda prisa sin decir nada. Pero piensa en todo lo que ha sucedido y las palabras de su mamá caen como bloques, haciéndole ver que tenía razón y que ella no le obedeció.

—¿Qué pasa? —camina hasta el archivo.

Fija su mirada sobre la carpeta abierta y entiende lo que ha sucedido.

—¡Isabella! —grita, esperando una respuesta.

Él sale de la oficina apresuradamente. En ese momento el elevador se cierra, ambos se miran por un segundo, pero parece una eternidad en la que no hay mucho por hacer. Fabricio comprende que Isabella debe estar odiándolo, lo notó en su mirada llena de desprecio y desilusión.

Ella deja escapar el llanto que antes intentaba contener y ni siquiera sabe qué pensar o cómo actuar. Se dirige a la calle desesperada por desaparecer de la vida de su jefe.

Una fuerte lluvia comienza a caer, haciendo que las lágrimas y las gotas de agua en su rostro se confundan.

Fabricio va al estacionamiento y se sorprende mucho más cuando ve el automóvil de Isabella estacionado en el lugar de siempre. Sale en su búsqueda, pero ella no lo deja hablar y le pide que la deje en paz, no desea saber de él.

Después de unos días, busca a Isabella en su casa, pero ella se niega a recibirlo. Así se irá pasando el tiempo: él intentando explicar lo que pasó de uno u otro modo. Ella haciendo caso omiso a todo lo que tiene que ver con su gran amor.

31

Internada

Isabella camina hasta la habitación de su hermana y se pone de pie junto a la puerta.

—¿Estás lista?

—¡Sí! —mira hacia una maleta junto a la cama.

—Eres muy valiente. ¿Sabías? —se acerca y la abraza.

—Quiero estar bien. Espero estar mejor —deja salir un suspiro lleno de lamento y pesar.

—Estarás bien, ya verás que en unas semanas vamos a regresar aquí, a tu casa, a tu habitación —la consuela.

— ¿Vendrás a visitarme?

—¡Por supuesto, cariño!

»Todas las semanas, siempre y cuando me sea permitido.

—¿Lo prometes?

—Te lo juro.

—¡Anda, vamos! Se hace tarde.

—¡Espera! Quiero que sepas que estoy muy feliz porque al fin te diste cuenta de que estabas en un error intentando adelgazar mucho más de lo normal. También, quiero que sepas que si dejé a Fabricio es porque deseo dedicarme por completo a ti y a tus cosas.

—Llevas dos meses sin mirarlo. Ya no sigas sacrificando tu felicidad por mi culpa. Yo me interno hoy. Tú, promete que buscarás al amor de tu vida.

—No te entiendo. Pero si al inicio, cuando mamá recién falleció, estabas muy celosa y me reprochabas a cada instante que pasaba todo mi tiempo con él y a ti te tenía en el abandono.

—Lo sé, también sé que fui muy injusta. Por eso te pido perdón.

—Mira. Yo sé que mamá nos hace mucha falta, que dejó un enorme vacío en nosotras y que la tristeza por su ausencia nos ha llevado a cometer locuras.

—A mí, más que a ti.

—Yo solo necesito que estés bien tú, que tu salud mejore. Que Fabricio y yo estemos separados no es culpa tuya, es solo culpa de él.

—Y yo, deseo que tú seas feliz.

»¡Anda! Vamos a buscarlo. Me llevan al internado y hablan. Se lo merecen, yo sé que tiene una buena explicación para darte, de lo contrario ya habría dejado de buscarte, lleva mucho tiempo suplicándote que lo escuches y tú no has accedido.

—Sabes bien que lo que descubrí que hizo para conquistarme, me dolió demasiado.

—Él dice que nunca abrió esa carpeta.

—¿Cómo puedo estar segura de eso?

—No hay forma. En cambio, ustedes se aman y eso es lo que importa.

—Está bien. Te prometo que voy a ir a buscarlo, después de dejarte a ti en la clínica.

—No. Iremos juntas, ahora. O no me voy al centro de rehabilitación.

—Tú ganas.

Salen de casa y suben al automóvil. Isabella conduce por la carretera que lleva a las oficinas de "Marina Hoteles". Después de estacionarse, inhala profundamente.

—Sube. Aquí te espero.

Su hermana se pone nerviosa y teme dejarla sola.

—¡Vamos! Sola no me atrevo.

—Está bien. Iré contigo.

Ambas bajan del automóvil y caminan en busca del elevador. En cuanto se abren las puertas, Fabricio e Isabella quedan uno frente al otro.

—¡Hola! —dicen torpemente ambos, casi al mismo tiempo.

—Tenemos que hablar.

—Es lo que intento hacer desde aquella noche, dos meses atrás cuando me dejaste.

Antonella estornuda detrás de su hermana y Fabricio la observa sorprendiéndose por su físico, sin poder evitarlo.

—Tranquilo. Voy a estar mejor —murmura con cierta vergüenza.

—Ahora mismo vamos a la clínica de rehabilitación ¿Nos acompañas?

—¿Cómo? No comprendo.

—Estoy enferma, tengo anorexia y me pondré en tratamiento —hace mucho esfuerzo para parecer tranquila.

—Eres muy valiente —él se acerca para abrazarla—. ¿Qué les parece si vamos a desayunar, platicamos un momento y luego a la clínica? —con una sonrisa ligera pintada en los labios.

—¡Estupendo! —Antonella da media vuelta.

—Bien, vamos —confirma Isabella.

Los tres salen del edificio, suben al automóvil de él y mientras avanzan por la ciudad conversan de cosas sin mucha importancia. Hasta que Antonella no se resiste.

—Mi hermana te ama y ya no quiero verla lejos de ti.

—Ella sabe que yo también la amo y que aún no me doy por vencido.

Isabella sonríe con timidez y se sonroja, sabe que los dos meses que ha pasado lejos de Fabricio solamente le han servido para darse cuenta de que es a su lado donde pertenece.

—No la dejes ni un momento sola. Ahora nada más te tiene a ti —pide con un semblante lleno de tristeza.

—¿Qué te pasa? También estás tú. Tú que eres mi razón de vivir, tú que eres quien me mantiene con los pies sobre la tierra y por quien me esfuerzo a diario.

—Mientras regreso. A eso me refiero, Isa.

—Yo, solo decía.

—Y yo, no pienso dejarla ni un instante sin mi compañía —agrega Fabricio.

—¡Prométel0! —con la mirada clavada en la de él.

—Cuñada, ¡te lo prometo! —levanta su mano derecha a la altura del hombro mientras habla.

—Ahora sí. Quiero irme ya.

Toman nuevamente el camino por la ciudad hasta que salen de la misma.

Después de un largo trayecto, entran por una calle con muchos árboles a los costados.

—¡Es maravilloso! —Antonella está nerviosa.

Ha recordado a alguien muy especial que está en este lugar. En unos minutos, volverá a estar frente a él.

—¿Estás asustada, Anto?

—Solo un poco nerviosa, pero estaré bien —observa por la ventana del automóvil.

Minutos después, se estacionan frente a un pequeño edificio, que parece más bien un hotel de campo, ya que tiene muchos árboles, un jardín hermoso y una piscina muy llamativa.

—¡Bienvenidos! —les recibe una enfermera—. La estamos esperando, señorita.

La amabilidad con la que son recibidos, le permite a Isabella sentir paz.

—¡Por aquí! Síganme para que conozcan las instalaciones —solicita la enfermera.

Los tres caminan detrás de ella y van observando todo a su alrededor. Cuando llega la hora de la despedida, ambas hermanas no pueden evitar romper en llanto.

—¡Voy a estar bien!

—Yo sé que sí. Voy a venir tan pronto como pueda.

—¡Vamos a venir! —interrumpe Fabricio.

Antonella toma su maleta y la arrastra por el pasillo, hasta la habitación que le ha sido asignada, al mismo tiempo que dice adiós con su mano derecha.

—¿Puedo acompañarla a su recámara? —consulta la hermana mayor.

—Por supuesto, ¡acompáñela!

—Hola. Mucho gusto. Soy el especialista que estará a cargo de su hermana. Mi nombre es Alejandro.

»Antonella estará muy bien aquí. Se lo prometo.

—Es mi mejor deseo.

»Mi hermana me comentó que usted le realizó una evaluación previa y le recomendó ser internada para mejorar su condición. Por esa razón he decidido proceder sin pensarlo dos veces.

—Le aseguro que no se arrepentirá.

Antonella, lo observa con mucha inquietud. Descubriendo que se siente atraída por él, pero Alejandro ni lo nota. Ha decidido internarse gracias a su trato y la perspicacia que tuvo para hacerle entender que lo que está viviendo no es normal.

Isabella se marcha con mucha nostálgica y llena de miedos, pero Fabricio la acompaña y decide regalarle un día lleno de aventuras. Así que, se van juntos a la playa a recuperar los dos meses que pasaron separados.

32

Hilo rojo

Es una tarde muy bonita, pintada con los colores más hermosos que se pueden observar en un día de verano. El sol va bajando lentamente, sin detenerse, hasta que finalmente parece rozar con delicadeza el agua, creando una vista espectacular y maravillosa a los ojos de cualquiera.

Isabella se encuentra muy entretenida con el atardecer. Hasta que regresa Fabricio junto a ella, trayendo consigo dos piñas coladas. Las cerezas que las decoran le traen recuerdos y, sin contenerse sonríe.

—Escucha. Sé que no me lo estás pidiendo, pero estoy consciente de que te debo una explicación —toma asiento junto a ella.

—¿Sobre qué?

—Sobre la carpeta que encontraste en mi oficina, el día que terminó todo entre nosotros.

—Fabricio. Eso ya pasó. Finalmente, logré darme cuenta de que solo deseo estar junto a ti —expresa sin poder mirarlo a los ojos.

—Por favor. Déjame explicarte lo que sucedió —asimila perfectamente que ella en realidad sí desea escuchar algo con sentido y lógica.

—Me sentí utilizada y traicionada. Me conquistaste con facilidad porque te anticipaste a recolectar mi información personal.

—¡Para! Por favor.

—¿Acaso no querías que hablemos?

—Me estás asustando. ¿Ya estás enfadada?

—No. Claro que no —desea fingir, pero no le sale.

—Yo... yo, nunca te utilicé —tartamudea intentando mantener el ambiente en calma.

—Tú me contrataste con el único objetivo de llevarme a la cama. No lo niegues por favor —prueba su piña colada y después la deja sobre la mesa.

—No voy a negarlo. Sin embargo, mucho antes de que eso sucediera, es decir que tú y yo estuviéramos juntos, yo me enamoré perdidamente de ti, de tu forma de ser, de ese carácter tan fuerte que te hace única. Me enamoré de tu sonrisa, de esa pasión con la que cocinas, e incluso, me enamoré de la sazón que le pones a cada platillo.

—Quisiera decir que eso me hace sentir mejor. Pero la verdad es que, ya sabías todo sobre mí —se lamenta con tristeza.

—Te equivocas, jamás abrí esa carpeta. Lo único que siempre miré fueron las fotografías, no para buscar en ellas algo que me mantuviera cerca de ti, sino porque me parecías tan hermosa y tan perfecta que hasta llegué a pensar que eras solo un sueño —intenta convencerla, aunque sabe que será una tarea difícil.

—Yo, no puedo estar segura de eso —comenta y desvía la mirada.

—¡Escúchame! ¡Por favor! —acaricia su rostro para tener su atención, pero ella guarda silencio, dándole la oportunidad que él tanto desea—.

»Quizá tú no creas lo que voy a decirte, pero para mí es tan real como este momento.

—¿Qué cosa no voy a creerte?

—¿Has escuchado hablar sobre el hilo rojo del destino? —calla, esperando una respuesta.

—No creo en esa leyenda china.

—Perfecto. Al menos sabes de lo que te hablo. Pues, yo creo que ese hilo rojo nos une a ti y a mí.

Isabella sonríe un poco, olvidando el enojo que comenzaba a apoderarse de ella.

—¡Convénceme! —lo mira a los ojos.

—Te conocí mucho antes de que llegaras a buscar trabajo a mi empresa.

—¿Estás bromeando?

—No. ¿Cómo crees?

—Yo no te había visto antes del día que me entrevistaste en la oficina de Sarita.

—Yo te miré por primera vez, meses atrás en el centro comercial. Desde ese día quedé encantado con tu belleza, sin imaginar que me iba a enamorar de tu personalidad.

—Intento creerte.

—Te estoy diciendo la verdad.

—Enviaste a Armando para buscarme. ¿Cierto?

—Sí, pero él nunca lo hizo.

—¿Cómo lo sabes?

—Siempre me dijo que no encontraba información tuya. Claro, lo entendía porque no tenía una fotografía tuya que le facilitara tu búsqueda. Sin embargo, lo conozco y sé que de un modo u otro se las hubiese arreglado para llevarme hasta ti, pero él nunca te buscó.

—A veces pienso que no fue casualidad encontrar el anuncio que me llevó hasta tu hotel.

—Eso, sí fue una casualidad. No tenía idea de que tú eras chef. ¿Cómo iba a saberlo? No sabía ni tu nombre.

—Pero no fue suerte que me contrataras.

—Fue el destino.

—¿Que dices?

—Piénsalo. Yo nunca hago ese tipo de cosas, nunca recibo colaboradores.

—¿Qué pasó ese día?

—Nos urgía una persona para el puesto. Teníamos serios problemas con la cocina, el chef anterior puso renuncia inmediata y los huéspedes necesitaban su comida.

—Pero, no fui la única que llegó por el puesto.

—Fuiste una entre cinco. Las otras cuatro personas fueron entrevistadas por Sarita y ninguna le pareció.

—¿Yo tampoco le hubiera parecido?

—No lo sé, pero en ese momento estaba desesperado y me dije a mi mismo «Contrataré a la próxima persona que entre por esa puerta». Esa persona fuiste tú. Me sorprendí demasiado cuando te volví a ver, no lo podía creer. Así que no lo dudé, no lo pensé dos veces. El destino estuvo de nuestro lado.

—Es una bonita historia, pero sigo sin creérmela.

—Eres la protagonista, no lo olvides.

—A veces solo siento que fui arrastrada hasta aquí por una y mil mentiras.

—¿No me amas?

—Te amo, y mucho.

—Estamos hechos uno para el otro. Eres el final de mi hilo rojo.

Fabricio se acerca a ella y la abraza. Isabella no dice nada y se limita a sentir. En su cabeza da vueltas aquella leyenda que un día leyó y comienza a creer que quizá sea verdadera.

33

Poco tiempo después

Alejandro, al fin ha decidido que es momento de enviar a Antonella a casa. Por suerte, la situación aún no era tan grave. Ha bastado con poco tiempo de tratamiento y toda la disponibilidad como paciente para recuperarse. Ella se siente mucho mejor y, aunque aún queda un corto proceso por delante, sabe que es necesario que continúe en su casa.

—Antonella. Te espero en mi consultorio.

—Perfecto. En seguida voy.

Cierra el libro que estaba leyendo, volviendo a la realidad y guardando en su memoria la historia de Thiago y Camila, personajes de "Rosa pastel", una novela que está disfrutando demasiado.

Luego, sale de la habitación y va detrás de él.

—Toma asiento —le pide en cuanto la ve llegar.

Antonella deja la puerta entreabierta y se sienta frente a él. No se resiste a mirarlo fijamente a los ojos. Por su parte, Alejandro sabe identificar lo que siente por ella, pero ahí es solamente una paciente más y él es muy profesional, por lo que intenta disimular.

—He hablado con tu hermana y está feliz.

—No comprendo.

—Hoy, después de seis semanas, regresas a casa. Ve a tu habitación y empaca porque Isabella no tarda en llegar.

—¿De verdad? —sonríe incrédula.

—Así es. Las últimas evaluaciones y los exámenes que te hemos hecho indican que estás apta para iniciar un nuevo tratamiento desde casa.

—Alejandro. ¿Sabes qué es lo único que no me gusta de dejar este lugar?

—¿Qué cosa?

—Que no voy a verte más.

—¿A mí?

—Por supuesto.

—Me verás, pero no a diario como ahora.

—¿Lo ves? No será igual.

—Antonella, soy tu médico, eres mi paciente. Hay reglas que debo respetar. Eres maravillosa, eres sensacional y me gustas mucho, pero entre los dos no puede existir una relación. Eres muy joven.

—Pronto cumpliré diecinueve. Sería un problema para ti, si yo tuviera diecisiete o menos.

—No comprendes. No es por eso.

—Soy mayor de edad y dices que te gusto.

»Entonces, ¿cuál es el problema?

—Mis reglas como médico.

—A la mierda las reglas. Las reglas se hicieron para romperse.

—Quizá para ti, pero no para mí. Prométeme que terminarás de recuperarte y te prometo una invitación a cenar.

—Te lo prometo.

Alejandro sabe perfectamente que se ha enamorado de Antonella y que de algún modo ella tiene razón. No hay absolutamente nada que le impida darse una oportunidad, lleva mucho tiempo sin sentir lo que ahora siente y cree que vale la pena dejar de lado sus reglas como médico, las cuales él mismo se ha impuesto, por miedo, porque un día le rompieron el corazón y sufrió tanto que no quiere que le vuelva a suceder. Tampoco es que Antonella sea demasiado joven para él, diez años de diferencia no es la gran cosa.

Isabella está feliz. Pronto tendrá a su hermana junto a ella. Lo mejor de todo, recuperada casi por completo. La espera ha valido la pena.

—¡Llegó la hora! —dice Fabricio.

—Así es. En unos minutos Antonella saldrá por esa puerta y podré llevarla a casa, conmigo.

Poco después, aparece una hermosa jovencita con una maleta en mano, caminando hacia ellos. Su hermana mayor baja presurosa y corre a su encuentro. Antonella la espera, quieta, silenciosa y con una sonrisa de triunfo pintada en sus labios.

—¡Vamos a casa, cariño! —la abraza fuertemente.

—¡Vamos a casa! —responde alegre, metiéndose entre los brazos de su hermana mayor.

Fabricio ayuda con la maleta. Después saluda a su cuñada y suben al automóvil.

—¿Que ha pasado en todo este tiempo?

—Solo fueron unas semanas. No hables como si hubieran pasado años —aclara Fabricio.

—Bueno. Tienes razón. Pero, ¿qué hicieron en estos días? ¡Cuéntenme!

—Eres muy curiosa. Mira, yo regresé a trabajar junto a este señor aquí presente —sonríe y lo señala—. Terminé de pagar las deudas que teníamos y ahora tenemos una mayor, pero también mucho mejor. Remodelé un poco la casa. Solo eso. Seis semanas pasan de prisa no dio tiempo de hacer tanto, más que trabajar.

—¿Cómo van las cosas entre ustedes?

—Mejor que nunca. Hasta nos casamos, ya.

—Fabricio, ese tipo de bromas no se hacen. Sería imperdonable perderme un evento de esa magnitud.

—Sabes que no me casaría si no estás presente.

—Bueno. Pero cásense pronto, que ya quiero ser tía.

—No me pidas esas cosas, Antonella.

—Y yo, deseo ser papá. Pero, por ahora Isabella no se encuentra lista para hablar de eso.

Antonella siente la tensión en el ambiente y opta por cambiar el tema.

—¡Al fin! En casa nuevamente —baja del automóvil.

—Hemos llegado.

»Las dejo para que se pongan al día. En la noche pasaré por ustedes para que vayamos a disfrutar una deliciosa cena.

—¡Perfecto! —responde Isabella.

—Hay algo que deseo confesarte, Isa.

—Anda. Entremos y me cuentas.

Las dos entran a casa. De inmediato Antonella nota pequeños cambios que su hermana ha realizado.

—Se ve todo muy hermoso.

—Ahora es nuestra y por eso me atreví a remodelar un poco —aclara.

—¿Nuestra? ¿La has comprado?

—Saqué un préstamo para comprarla. Esa es la nueva deuda que tenemos. Ya no pagaremos alquiler, sino una cuota que al final nos permitirá quedarnos aquí. Mamá estuviera muy feliz.

—Desde el cielo lo está. Es de ella de quien quiero hablarte.

—Toma asiento. Traeré café y galletas.

Antonella observa a su hermana mientras ella se come las uñas de la ansiedad por hablar. Pocos minutos después su hermana vuelve y se sienta frente a ella.

—Te escucho.

—Aquella trágica noche, mamá y yo discutimos mucho después de que te marchaste con Fabricio.

—¿Por qué?

—Por la misma razón que discutió contigo, por tu relación con Fabricio. Ella se puso muy mal en medio de esa pelea que mantuvo conmigo.

—Deja el tema. No pasa nada —al notar que Antonella está llorando.

—No fue tu culpa como pensabas, fue mi culpa. Yo provoqué su muerte.

—No. Claro que no. Un día me dijiste que no era mi culpa y hoy quiero que sepas que tampoco fue culpa tuya. La muerte de mamá escrita estaba y así tenía que pasar.

—¿Tú crees?

—Estoy segura. Olvídate de eso, borra ese pensamiento de tu cabeza y comencemos de nuevo.

Ambas se abrazan y se quedan así por un instante. Hasta que finalmente se quedan dormidas sin darse cuenta en el sofá de la sala, como dos personas que saben que pueden contar la una con la otra sin que importe el paso del tiempo o las circunstancias.

34

Hermosa sorpresa

Isabella cierra la puerta del baño y sale muy pensativa.

—¡Tres minutos hermana! Solo tenemos que esperar tres minutos —Antonella hecha un manojo de nervios.

—Es demasiado tiempo. La curiosidad me carcome —camina de un lado a otro.

—¡Siéntate! Que le harás un agujero al suelo.

—Yo no puedo estar embarazada, ¡no puedo!

—Y si lo estás, ¿qué? Ya no hay nada que puedas hacer —voltea su mirada al reloj que cuelga en la pared.

—El tiempo no avanza, cada segundo parece eterno.

—Ya. Siéntate que me estás poniendo muy nerviosa.

Isabella toma asiento en el borde de su cama y se queda callada.

—No estoy preparada para ser mamá —llora.

—¡No seas boba! Aún no vemos el resultado. Pueda que lo estés y pueda que no.

—Ve y míralo. Si me pongo en pie, me desmayo.

Antonella toma la prueba de embarazo y camina junto a su hermana.

—La veremos juntas. ¿De acuerdo?

—Anda, pero date prisa.

Ambas se observan y respiran profundamente.

—Uno, dos, tres.

Las dos están muy tensas. De pronto las emociones se revuelven dentro de ellas, como si de dos cajitas llenas de confeti a punto de explotar se tratara.

—¡Voy a ser tía!

Isabella guarda silencio y se pone a llorar con mayor intensidad.

—Pero, Isa. ¿No te emociona tener un hijo con el hombre al que amas?

—Siempre pensé que mi primer hijo sería planeado y que para entonces yo iba a estar casada.

—Esos protocolos son cosa del pasado. Él o ella está en camino y debes amarlo.

Isabella pone la mano sobre su vientre y suspira, vuelve a ver la prueba de embarazo y clava su mirada en las dos rayitas que se marcan muy bien.

—¡Voy a ser mamá! —intenta asimilar la noticia.

—Fabricio estará feliz, lleva un largo rato esperando una sorpresa como esta. No logro imaginar la cara que pondrá cuando lo sepa.

—Es verdad. Él anhela mucho una sorpresa como esta, me lo ha dicho un montón de veces. Debo decírselo de inmediato.

—Espera, prepárale algo bonito. Díselo de una manera especial.

—Tienes razón. Ya veré cómo se lo hago saber.

—¿Ya te sientes mejor?

—Es solo que no me lo esperaba y estoy muy asustada. Psicológicamente no estaba preparada para esto, pero estoy feliz, aunque ahora no se note.

»Ya es tiempo ¿No?

—¿Sabes quién estaría muy contenta por este acontecimiento?

—¡Mamá!

—Sí. Pero bueno, ahora vamos a calmarnos. No es momento para ponernos tristes. Recuerda que tienes una cena con tu amorcito y debes estar radiante cuando él venga por ti.

—Me encantaría darle esta gran sorpresa hoy mismo, durante la cena.

—Entonces, pongámonos a buscar una bonita idea y a trabajar.

—¿Me vas a ayudar?

—Por supuesto. Todo el tiempo, toda la vida. Para eso soy tu hermana.

—Eres la mejor de las hermanas y estoy segura de que serás la mejor de las tías.

»¡Te amo, Anto! —se abrazan.

La tarde llega apresurada, con urgencia por marcharse pronto. Isabella entra en su habitación y se pone de pie frente al espejo. Observa detenidamente su rostro y nota un brillo especial en sus ojos, el embarazo se refleja y aunque parece pronto, ya la hace feliz.

—¡Gracias, mamá! Por este regalo, por mi princesa. Algo me dice que será una niña. Y en tú honor se llamará Bianca —susurra mientras acaricia despacio su vientre.

Toma de su armario un vestido en color rojo vino que ha elegido para la cena con Fabricio y comienza a vestirse. También se maquilla un poco, arregla su cabello y después de unos minutos está lista.

Antonella toca la puerta y al escuchar a su hermana del otro lado entra.

—Me das la prueba de embarazo, por favor.

—¿Que harás con ella?

—La pondré en el regalo que le darás a tu amorcito, hoy en la cena —sonríe.

—Para que no le queden dudas —se divierte.

—¡Exacto!

Le entrega a su hermana una caja plateada decorada con un enorme chongo en color rojo.

—¡Está hermoso!

—Espera a que él lo abra.

—Le encantará. Será lo mejor de la noche.

—Me gustaría ver la cara de mi cuñado cuando se entere de que va a ser papá.

—Lo siento, querida hermanita. Es una cena para dos, solamente.

—Ya lo sé. Que lo disfrutes.

»Yo, por fin voy a salir con Alejandro.

—Te gusta mucho, ¿cierto?

—Me encanta. Y vaya que me emociona saber que yo a él también.

—Que te la pases hermoso. Que disfrutes de la velada igual que pienso hacerlo yo.

Ambas se despiden con un abrazo y sale primero Antonella al escuchar que llega un automóvil.

—¡Es Fabricio!

—Entonces soy quien se va primero, cierras bien y te cuidas, Anto.

Sube al automóvil y saluda a Fabricio con un beso en los labios.

—¿Cómo está la mujer más bella del planeta?

—Bien. Ansiosa. Como si fuera la primera vez que ceno contigo.

—Como nuestra primera cita. ¿La recuerdas?

—Por supuesto. ¿Cómo olvidar tan hermoso lugar? Nunca volvimos.

—¡Hoy lo haremos!

Isabella se pierde en el resplandor de las luces de la ciudad. Le parece todo hermoso, lleno de magia. Siente que está viviendo un nuevo comienzo y piensa en ella, en su madre y en su bebé.

«¡Gracias, destino! Por acomodar cada pieza en su lugar», piensa en silencio.

Pronto, Fabricio estaciona el automóvil frente al mismo restaurante donde cenaron por primera vez. La mente de Isabella se llena de recuerdos: ellos, juntos en el elevador, la mesa con pétalos de rosa, el vino, las velas, la música, el baile y el primer beso.

—¡Buenas noches, señor! —les recibe un mesero.

—¡Buenas noches!

—¡Buenas noches, señora!

—¡Buenas noches!

—Todo está listo —les indican.

—¡Le agradezco! —toma la mano de su amada—. »¡Vamos! —la conduce hasta el elevador.

Ambos entran y ella se apoya en él, pero no lo hace por miedo. Ese pánico al encierro lo superó hace mucho tiempo atrás, lo hace por amor, porque quiere sentir a Fabricio muy cerca de ella.

35

Cosas del destino

Alejandro llama a Antonella por teléfono, desde el vehículo.

—¡Estoy afuera!

—¡Ahora voy!

Camina un poco y se detiene frente a una mesita de la que toma un portarretratos con la fotografía de su madre. La observa con mucha nostalgia.

—¡Gracias! Porque sé que desde donde ahora te encuentras estás aquí conmigo y con mi hermana —suspira—. Me hubiera encantado que conocieras a Alejandro. Él es bueno y deseo que sea la persona con la que comparta el resto de mis días.

Antonella se siente melancólica. Quizá se debe al día cargado de emociones que ha tenido. Coloca el portarretratos de nuevo en su sitio y sale.

Alejandro la espera afuera y al mirarla comienza a llenarla de halagos.

—¡Estás divina!

A ella le ganan los nervios y no puede ni siquiera dar las gracias. Sonríe con pena y se acerca hasta él. Alejandro coloca sus manos sobre el rostro de ella y acomoda un mechón de cabello para después depositar un tierno y dulce beso en sus labios. Ambos se dejan llevar por lo que sienten, un amor puro y real que nació sin presiones.

El ascensor se abre. Fabricio e Isabella caminan por el pasillo hasta llegar a la misma mesa donde cenaron juntos por primera vez. Está todo igual y ella siente como si se hubiera regresado en el tiempo hasta quedar en el mismo instante en el que todo inició. Coloca la caja plateada a un lado y no dice nada.

—¿Es para mí?

—Claro, pero hasta que te la entregue.

—¿Qué es? Llevas mucho tiempo cargándola.

—Lo sé, pero es que aún no te lo puedo dar —se burla.

—¡Amor! Dime qué es. Ya tuve demasiada paciencia, esperando a que te deshagas de él.

—Es una sorpresa, no te puedo decir.

Enseguida sirven la comida. Ambos se olvidan de la caja y disfrutan de la cena mientras ven a lo lejos la luna llena que ilumina la ciudad. Todo es hermoso, Isabella al fin se siente complacida con el destino. Sabe que no ha sido fácil llegar hasta ahí, pero ahora comprende que las cosas buenas, las cosas que valen la pena, tienen muchos obstáculos y pruebas complicadas en el camino. A pesar de que sigue sin entender cómo fue que sucedió, acepta que no estuvo mal enamorarse de su jefe y que, sobre todo, no estuvo mal enamorarse una vez más.

—Quiero darte un regalo muy especial, aunque no estemos celebrando algo en particular.

—Yo también tengo algo muy especial para ti.

—Empieza tú.

—¿Segura?

—¡Por supuesto! —ella está intrigada por la futura reacción de Fabricio ante su embarazo.

—¡Ven! —le ayuda a ponerse en pie, después la toma de la mano y la guía—. Voy a tapar tus ojos un momento.

—Está bien.

Los dos caminan unos segundos y un silencio acogedor se apodera del ambiente.

—Quédate aquí y quitas la venda de tus ojos cuando te lo pida.

—¡Perfecto!

Segundos más tarde, Fabricio le indica que es momento. Ella destapa sus ojos despacio y posa su mirada en todo lo que hay a su alrededor. Se sorprende tanto que no hace otra cosa más que llorar por la emoción.

—¿Quieres casarte conmigo? —se ha puesto de rodillas frente a ella.

Isabella suspira con intensidad para poder responder.

—¡Sí! —emocionada y conmovida.

Fabricio coloca un hermoso anillo de oro blanco en su dedo anular y ella lo besa en los labios. Isabella está feliz por su compromiso y aún más por la nueva vida que está formándose en su vientre. Antes de darle su obsequio a Fabricio aprecia cada detalle que hay para adornar aquel lugar donde han sellado su compromiso: globos con helio en color rojo y dorado, unas enormes letras con luces que dicen "Cásate conmigo" y muchos pétalos de rosas rojas.

—Nunca imaginé que sería así —lo abraza.

—¿Qué cosa? —la besa en la frente.

—Este instante. De hecho, nunca imaginé que un día me iba a casar.

—¿Por qué no?

—No lo sé. Talvez en mi interior no deseaba hacerlo.

—¿Has cambiado de opinión?

—Desde que estoy contigo.

»Ahora, ven que tienes que abrir tu regalo —pide dulcemente y lo guía hasta la mesa.

—¡Al fin! —sonríe.

Isabella toma la caja entre sus manos y luego la coloca frente a su prometido.

—Espero que te guste.

Él va soltando el chongo con delicadeza y mientras quita la tapa, sonríe, de pronto su rostro se queda perplejo y no dice nada.

—¡Dime algo! —lo observa, nerviosa.

—¡Es hermoso! Es un sueño hecho realidad —la mira con los ojos vidriosos por la emoción.

Toma de la caja un par de zapatitos para bebé y un chupón. También toma la prueba de embarazo y la observa detenidamente. Antonella ha hecho un excelente trabajo.

—¿Voy a ser papá?

—¡Vamos a ser papá y mamá! —entre sollozos.

—Soy el hombre más afortunado del planeta —se acerca a ella para abrazarla y besarla.

—Se que serás un gran esposo y el mejor papá del mundo.

»¡Te amo, Fabricio!

—Te amo como no te imaginas, Isabella.

—¿Bailamos? —propone al escuchar una canción muy romántica, perfecta para el momento.

—Por supuesto, futura esposa mía, madre de mis hijos —la toma de la mano para llevarla al centro del lugar.

La luna llena se deja apreciar en el cielo azul, testigo de un gran romance que inició como un simple juego, juego que se convirtió en pasión, pasión desbordante que enamoró a dos seres humanos que no tenían ni la más mínima idea de que su destino era coincidir de algún modo para terminar amándose por la eternidad.

Sobre la Autora

Lily Gómez nació en Copán, Honduras, el 03 de marzo del año 1994.

Desde pequeña desarrolló el amor por la lectura en casa de uno de sus tíos, quien para ese entonces ejercía la docencia y siempre mantenía a la mano cuentos y libros infantiles. Durante su adolescencia descubrió que su imaginación podía llevarla más allá de sus límites, por lo que decidió plasmar en papel algunas de sus muchas ideas, consiguiendo escribir su primera novela corta. Años después mientras navegaba en internet encontró una plataforma virtual que le permitió publicar varios de sus escritos.

Estudió bachillerato en Comercio, obteniendo el título de Perito Mercantil y Contador Público en el Instituto José Trinidad Reyes. Es licenciada en Contaduría Pública y Finanzas, egresada de Ceutec, campus San Pedro Sula.

Es dueña de su propio emprendimiento "Tarjetas Artesanales".

Autora de las novelas cortas:

- "Rosa Pastel", tercera edición 2025
- "Amor con sabor a cerezas", 2024
- "Patitas aventureras", 2025
- "Delirio Onírico", 2026

Made in United States
Troutdale, OR
11/03/2026

56845240R00148